融构

眼睛与手脑并用的设计坊

范悦　山代悟　周博　编著
"海天学者"设计坊课题组

中国建筑工业出版社

图书在版编目（CIP）数据

融构　眼睛与手脑并用的设计坊／范悦，山代悟，周博等编著. —北京：中国建筑工业出版社，2012.5
ISBN 978-7-112-14219-4

Ⅰ.①融… Ⅱ.①范… ②山… ③周… Ⅲ.①建筑设计 Ⅳ.①TU2

中国版本图书馆CIP数据核字（2012）第062043号

责任编辑：何　楠　陆新之
责任校对：姜小莲　关　健
整体设计：邹　雷

融　构
眼睛与手脑并用的设计坊
范悦　山代悟　周博　编著
"海天学者"设计坊课题组

*

中国建筑工业出版社出版、发行（北京西郊百万庄）
各地新华书店、建筑书店经销
北京锋尚制版有限公司制版
北京画中画印刷有限公司印刷

*

开本：880×1230毫米　1/32　印张：3⅞　字数：212千字
2012年7月第一版　2012年7月第一次印刷
定价：38.00元
ISBN 978-7-112-14219-4
（22272）

目录 / Contents

6-9 前言 / Preface

10-11 课程目的 / Purpose

前期 / First Phase

14-15 前期课程概要 / Process of First Phase

16-17 前期照片集锦 / Diagram

18-67 城市调研与设计 / Individual Urban Research

后期 / Second Phase

70-71 后期课程概要 / Process of Second Phase

72-73 后期制作概况 / Research Summary

74-77 分组设计 / Group Works

78 深化设计概念提出 / Final Concept Generation

79 形态生成 / Shape Forming

80 材料选择 / Material Choose

81 结构试验 / Structure Experiment

82　竹子节点方式 / Bamboo Joint

83　ABS 节点方式 / ABS Joint

84　成本预算 / Budget Control

85　ABS 搭建说明 / ABS Construction Plan

86　ABS 模具与试建 / ABS Model & Construction Trail

87　ABS 现场拼装 / ABS Construction on Site

88-89　竹子搭建说明 / Bamboo Construction Plan

90-91　竹子现场拼装 / Bamboo Construction on Site

92-93　声光、影像设计 / Sound& Light & Vedio

94-95　宣传推广 / Advertising

96-113　成果展示 / Work Display

后记 / Postscript

116-119　教师座谈 / Teachers'talk

120-121　学生感言 / Words from Students

122　成员介绍 / Members

123　作者介绍 / Authors

前言 / Preface

范 悦

眼睛与手脑并用的设计坊

六月份的时候，大连理工大学建筑与艺术学院馆前的草地上又出现了一些人群和构筑物的形态。"它们在环境里显得很安静，而在日光下的光影却又在跳跃着，每天都不太一样，印象深刻并令人期待"，一位朋友这样对我说。每当这个时候，便是到了历时三个月的"海天学者设计坊"最后的制作阶段。"融构"是今年的主题。

"海天学者设计坊"是大连理工大学建筑与艺术学院的一项国际化设计教学计划，自去年春季开班以来，已经进行了两期。设计坊的基本想法是希望每年都有新的思考和尝试，在设计教学中注重体验性和互动性，强调"眼睛与手脑并用"的设计。强调用心去"看"（观察和发现），强调首尾一致的设计（研究性设计），并且强调动手去做。

经常会有同学问，如何找出设计概念，如何形成设计方案，如何深化并实现设计。这既是设计的基本问题，也是作为一个设计师应有的能力和素养。针对这样一些能力的培养，我感觉现行的教学体系并不能很好地对应和设置培养环节，逐渐在偏离、或者不愿意真诚地回答这些问题。这导致现在许多学生把不会做设计归因于缺乏设计的"灵性"和"艺术素养"等。

"用心去看"并非只是教育的问题。即使在设计工作的一线，也经常会因为设计周期短等"正当的"理由，忽视了作为设计对象的城市和人的观察和调研。处于一个紧张而功利的时代，很多人认为不去认真调研也能做好设计，只要你能"快速"地"拷贝"、"拼贴"出漂亮的"画"。高度的信息化和网络化的环境无疑起到了推波助澜的作用。

这些年我们一直在提倡去"城市探珍"，希望能锻炼同学们的眼睛（洞察力），并增加一些实感。今年的设计坊尤其强调了城市调研与分析，师生们一同走入城市中观察，在观察的过程中让学生了解市分析的手法，分析、归纳并提出相

目と手と頭脳を併用する

Eye-Mind-Hand Coordination Studio

「海天学者スタジオ」は大連理工大学建築芸術学院の国際的な設計演習プログラムであり、去年の春にスタートして以来、二年目を終えている。このスタジオは設計演習においてユニークな試みとなるよう、一つの基本方針を持っている。目と手と頭脳を併用した設計プロセスを実行すること。つまり、よく見ることと、手を動かしながら設計することである。

設計課題においては、与えられた課題の中から自分自身のコンセプトを見つけ出し、設計提案を作成し、実現する方法を考える必要がある。これは設計教育にとどまらず、建築設計の実際においても基本的なものであり、設計者の持つべき能力と素養でもある。しかし、これまでの中国の設計教育は、これらの問題に真剣に答えらていないのが現状である。

「よくみる」はただの教育上の問題ではない。今の時代において、都市をきちんとみなくても設計できると思っている人は大勢いるし、速く描き、綺麗にコピーをはりつける作法が世間では通用している。高度なコンピュータ技術やインターネット環境がこの傾向を助長させたのはもちろんである。

この数年、私は大学で都市に出て行く「都市探珍」を提唱し、設計を勉強している学生

The theme of this three-month "Sky Scholar Workshop" this year is integration. While during its final production phase in June, some artworks of "The Crowd" and structures were shown on the lawn in front of the School of Architecture & Fine Art (DLUT). A friend told me, "The artworks stand quietly there and suddenly becomes vibrant dancing with the sunshine. This ever-changing image has deeply impressed me and I hope to know more about it."

As an international teaching program of the school, the "Sky Scholar Workshop" has been carried for two periods since last spring. The basic principle of this workshop is to generate more new ideas and try new things; thus, we concentrate on the interactions and experiences in the design education. More precisely, we place more emphasis on the "Eye-Mind-Hand Coordination" design, "see with heart" (observe and discover), self-consistent design (research design) and "do it by hand".

There are always some students ask me that how to chase the design inspiration, how to translate the concepts into design language and how to deepen the practical design. From my own perspective, these questions are about the basic skills and competences of a designer, to which I think that the current education system lacks corresponding procedures to cultivate among students; hence, many of them consider the blank-concept situation is caused by their lack of intelligence and artistic talent.

Yet, the lack of "see with heart" is not only limited in education. Even working in the frontline, designers sometimes do neglect the observations of the design objects- people and city due to the short design period. Moreover, in a fast- pacing and utilitarian age, many people believe that the beautiful design results can be produced through collage and copy of other works rather

应的概念，引导之后的空间和形态设计。

在完成了以个人为单位的概念设计后，设计坊还延续了由多人合作的分组设计的方式。设计在今天，个人的创意固然重要，但集体的分工协作对于创意的提升和实现也非常关键。来自学院不同专业（建筑、规划、环境艺术、工业设计）的22名学生分成四组，针对重新给定的用地和要求，展开了新一轮的设计。在四组方案的基础上，确定了以"灰色空间（Gray Space）"作为设计概念，共同完成了最终的建构方案"融构"。

作为设计坊的重头戏，制作和搭建环节的冲击还是比较大的。纸面上的设计感觉和手脑并用的设计感觉确实不一样。悉尼科技大学的乔安娜老师认为，一个与素材相适应的好的原型设计（Prototyping）的形成，需要身临其境地直接与此素材打交道，并且边动手边思考的过程对于原设计会有一个修正和提升。一方面，"手脑并用"虽然让同学们吃了不少苦头，但这种身体感觉其实是做"建筑"、做"设计"

的真实感觉。另一方面，对于如何做一个具有魅力的设计有了进一步的理解，并增加了自信。也许，这种自信在7月2日的发表会结束后会更加强烈吧。

2011.8.24 于辰男馆

の目（洞察力）を鍛えることに注力してきた。今年のスタジオでは都市の調査分析をさらに強化し、教師たちが学生と一緒に都市に繰り出し観察し、都市的な分析手法を身につけると同時に、設計に使える概念を発見させたいと考えた。

　個人の概念設計を終えたところで、複数の人によるグループ設計が続く。今日の設計は、個人の創造性が強調されるが、グループの協力も欠かせない。２２名の学生を４グループに分けて、それぞれの案を提出し、議論をかさねるなかで最終的に建設する一つの案を固めた。

　最後の実作（インスタレーション）においては手と頭を使うので、図面上の設計とはだいぶ感覚が異なる。スタジオにゲストとして参加してくれたシドニーのジョアン　ジャコビッチ先生は素材と向かい合うことが重要で、手を動かしながら考えることがよい設計の条件だという。今回、実際に建設するなかで学生はいろいろと苦労したが、体で「建築」や「設計」を体験できた。また、魅力のある設計について理解を深め、自信も覚えた。おそらく、７月２日の発表会はその感覚を強めたと思う。

than the carefully prophase observation, which also is greatly influenced by the proliferation of information and network.

Therefore, we have promoted the "Urban Exploration" activity to practice the young designers' insight in practice. Especially in the workshop of this year, more attentions are attached to the urban investigation and observation, through which teachers and students will get to know the analysis approaches, synthesize and put forward new ideas and then form the spatial design.

Since the group work is also important to the creativity, the workshop also adopts the group cooperation after the individual concept design. Twenty-two students majored in Architecture, Urban Planning, Landscape Design and Industrial Design, were divided into four groups to work on a new design in the given site. Then, based on these four plans, the "Gray Space" was then pointed as the final design theme of the "Integration".

The highlight of this workshop is the making and constructing. As Miss Joanne Jakovich (Sydney Technology University) asserted that the formation of a good prototyping needs the designer communicates with the material, which is a constructive adjustment process to the original design as well. In other words, for one thing, this "hard" feeling is the real sense of "designing"; for another, it will give you more confidence in the creation of charming design work. Overall, I hope the best results of this workshop can be seen after the announcement meeting on 2nd July.

Wrote in the Chennan building
Aug. 24th, 2011

2011.8.24 於辰男館

课程目的 / **Purpose**

山代悟

城市总是令人们憧憬，并赋予人们灵感。

观察和分析城市，并非只是为了有效的开发和建设的目的，通过这样的活动，可以从中发现城市和建筑的脉络和概念，进而延伸到新的造型概念的得出。

正因为如此，世界上许多优秀的建筑师为了理解自己生活的这个世界，同时也为了获取新的建筑语汇，对于城市采取了积极面对的态度。

另外，中国这些年由于城市开发快速而急迫，人们对城市无暇顾及。城市只是作为建设的对象，并没有成为人们观察的对象。

本书记录了大连理工大学建筑与艺术学院从 2011 年 4 月至 7 月举办的"海天设计坊"的过程。设计坊首先用两个月时间对大连展开了城市调研。同学们走出校园，分别对自己感兴趣的地区进行了观察。

设计坊在后半段大约一个月左右的时间里，组成几个小组，根据城市调研总结出来的设计概念，以校园的绿地广场为基地提出了建构设计提案，最后由设计坊 22 名同学共同完成了建构的制作。成果展示的那天，大约 200 名校内外的宾客参加了晚会，让我们也观察到大家在所建构的环境里的各种交流和行为。

设计坊虽然只有短短的 3 个月，但其过程却浓缩了城市调研、设计概念抽出、设计提案、建构制作，以及通过空间体验获取新的反馈等循环和过程。

与只是表面形式模仿的设计不同，设计坊注重的是用自己的眼睛观察城市并衍生出新的设计概念。同时，通过快速的形态化操作，不断地提升和优化设计。我想，这应是建筑师、设计师的基本做法和态度，希望通过这样的设计坊能使更多的学生理解和掌握。

課程目的 / Purpose

山代悟

　都市は常に人々のあこがれであり、インスピレーションの源泉である。

　都市を観察し、分析することは、単に開発を機能的に行うためにあるのではなく、そこから都市や建築の概念を発見し、時には造形の概念にまで到達する射程をもったものである。

　それゆえ、多くの優れた建築家は自らの生きているこの世界を理解するために、そして新たな建築言語を手に入れるために、都市と向かい合ってきた。

　一方、中国は急速な都市開発を押し進めているが、そこでは都市は顧みられない。都市は建設する対象であり、既にそこにある都市は観察の対象にはなっていないように思える。

　この書籍は大連理工大学建築与芸術学院において 2011 年 4 月から 7 月にかけてひらかれた「海天スタジオ」の記録である。このスタジオでは前半の 2 ヶ月ほどで大連の都市リサーチをおこなった。学生たちは大学のキャンパスを出て、自らの興味である地域の観察を始める。その後それぞれの視点によって調査分析を深め、その地域の特徴を言い表す概念を探った。スタジオの後半では一ヶ月ほどの時間の中で、グループをつくりリサーチで発見された概念をもとに大学内の芝生の広場にインスタレーションのデザイン提案を行い、最後にはスタジオの履修者 22 名全員でひとつのインスタレーションを製作した。展示の開始にあたっては、200 名程の観客を迎えてパーティーを行い、人々がその場でどのように振る舞うのかをみることが出来た。

　スタジオは 3 ヶ月という短いものであったが、そこでは都市のリサーチ、概念の抽出、デザイン、製作そして実際の空間を体験し新たなフィードバックを得ること、というサイクルが凝縮されている。

　表層的なひとまねのデザインではなく、自らの眼で都市を観察し新たなデザインを生み出す。そしてそれを素早くかたちにし、さらにデザインをブラシアップして行く。そのようなデザイナーとしての基本的な姿勢を身につけた学生が一人でも多く育ってくれればと考えている。

前期 / First Phase

前期课程概要 / Process of First Phase

设计坊的第一阶段为大连城市调研，即要求同学们找出自己心中有感觉的场所，分析其独特的魅力，归纳并提交一个设计概念。设计坊由大连理工大学建筑与艺术学院下设的建筑、规划、环艺、工业设计四个专业的三年级学生为主。

大连是一个有着美丽的海岸、以山地景观为特色的城市。大连还拥有早期形成的以圆形广场和放射线道路为特征的巴洛克式城市规划。同学们来到城市中间，来到广场以及作为连接的街道、海岸线、丘陵，来到河流、电车线路、废弃路轨等线性元素处，还有由于房地产开发而即将消失殆尽的传统街区，找寻其城市的特征。

本科三年级的学生缺乏调研的经验，另外由于在中国建筑设计教育中没有把城市调研与分析放在重要的位置，所以一开始感到无从下手的同学不在少数。但是，逐渐地同学们沿着最初的印象展开假设，根据客观事实、数据进行分析和提示，大家逐渐对于这种城市调研的手法产生了浓厚的兴趣。虽然还只是一个初级的阶段，这次从 22 个同学们的调研成果来看，我认为已经可以勾勒出大连的城市轮廓。

前期課程概要 / Process of First Phase

　スタジオの前半は Dalian Urban Research、
大連のなかから自分が気になる場所を見つけ
出し、その魅力をどのように分析し、それを
ひとつの概念として提示することを課題とし
た。スタジオは大連理工大学建築芸術学院に
おいて、建築、都市計画、環境デザイン（イ
ンテリアやランドスケープ）、工業設計を学
ぶ学生から主として 3 年生が履修し、2 人の
四年生を加えて 22 名の学生が参加した。

　大連は美しい海岸線をもち、丘陵のひろが
る特徴的なランドスケープをもった都市であ
る。当初ロシアと日本によって開発され、い
くつかの円形広場とそれをつなぐ放射状の道
路パターンをもつバロック都市計画を特徴と
している。

　学生たちはこの都市から、広場、それをつ
なぐ街路、海岸線、丘陵といった部分や、河
川、トラム、廃線路といったそれらを横断す
る線的な要素、あるいは都市の歴史を代表し、
いま開発によって消滅しようとしている日本
人街といった、この都市の特徴的な部分を見

つけ出し、取り組んで行った。

　学部三年生であり経験が少ないこと、また
通常中国の建築設計教育においては都市分析
があまり重きをおかれないこともあり、当初
はその取り組みにとまどった学生も多いよう
に思う。しかし、次第に自らの最初の印象に
もとづく仮説からはじめ、それを客観的な事
実 fact をもとに分析、提示して行くという都
市リサーチの手法の面白さに気づいて行った。

　まだ初歩的な段階にとどまるものではある
が、この 22 のリサーチをもとに、大連という
都市の輪郭を描き出すことが出来たのではな
いかと考えている。

前期照片集锦 / Diagram

城市调研与设计 / Individual Urban Research

大连

大连 城市调研 Urban Research

Dalian Univ. of Tech. 2011 Sea-sky Scholar Studio

张玮缓

户外广告作为一种发展迅速、宣传效应显著的户外媒体，已经成为了城市景观的一个重要组成部分。它不仅充满活力而且提供商机，更装点了城市夜景。广告技术发展历程和密度分布与城市历史和功能区划有着密切关系。

陈瀚

对于这次 studio 的主题 "Urban Research"，我关注的是城市的街道。在一个城市中，城市的街道是最能体现城市内部结构的城市元素，对此我从当代城市街道被赋予的功能与街道上人尺度被忽视的两个方面对大连的街道进行了调研，结合古代和现代的优秀街道的案例分析，提出自己的概念性街道 "Mixed Street"。

黄贯西

最早引起我兴趣的是校园东门外的废弃铁路，作为一条不再行使火车使用的铁路已经失去其原有的功能，却因此与附近居民的生活息息相关了起来。接下来的调研工作便围绕大连5条废弃铁路，就它们在线性空间上的空间氛围，对道路空间结构的影响等展开，有了不少有趣的发现。

石钟鸣

大连的有轨电车线是中国仅存的三条之一，而202线的和平广场到星海广场段更为难得。短短2分钟的车程，乘客可以感受到线路随居民地时期的低密度住宅，七八十年代建成的多层住宅，还可以看到线东现代感的高层建筑、星级酒店、博物馆等等──表现了一个有历史，经济发达的活力海滨都市。

林皓

张明月

2000

作为一个大连人，在这个飞速发展的城市中，我寻找的不是日新月异的繁华喧闹的商业区，不是精品装修背山面海的高档住宅区，不是烟滚滚吐着 GDP 的工业区，我寻找的是大连。通过对合山庄等地方的调查研究，我发现大连这些年的天际线不断变化，尤其是星海附近，因此我设计一条在夜间还原大连原始近人的天际线。

张强

崔文迪

面对老房子为什么人们会有些莫名的回忆与感动，面对越来越不常见的砖墙为什么人们会产生一丝惆怅的波动。老房子里面有生活，有记忆，有更便于交流的形式，本人从造型、材料、颜色等方面入手，以一所老房子与现代高楼大厦对比，找出两者之间的不同，寻回我们失去的温馨气息。

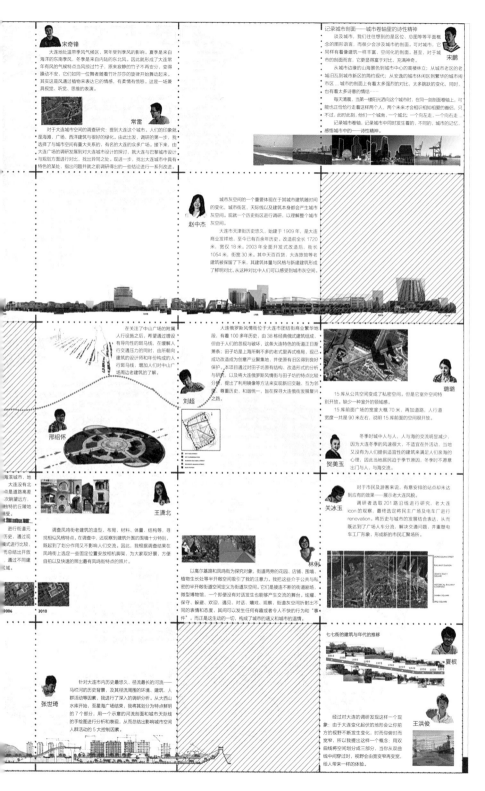

宋奇锋

大连地处温带季风气候区，常年受到季风的影响。夏季是来自海洋的东南季风，冬季是来自内陆的东北风。因此就形成了大连常年有风的气候特点当风掠过竹子，原来寂静的竹子不再安分，变得躁动不安，它们如同一位舞者随着竹叶莎莎的旋律开始舞动起来。其实这是风通过植物来表达它的情感，有柔情有愤怒。这是一场兼具视觉、听觉、思维的表演。

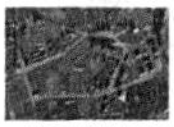

常雷

对于大连城市空间的调查研究：提到大连这个城市。人们的印象就是海滩、广场、西洋建筑与很好的绿化。由此出发，调研的第一步，我选择了与城市空间有重大关系的，有名的大连的众多广场。接下来，由大连广场的调研发展到对大连城市设计的探讨，就大连与巴黎城市设计与规划方面进行对比，找出异同之处。现进一步，找出大连城市中具有特色的某处，指出问题并就之前调研得出的一些结论进行一系列改进。

记录城市剖面——城市卷轴里的诗性精神

宋鹏

谈及城市，我们往往想到的是区位、总图等等平面概念的图形语言，而很少会涉及城市的剖面。可对城市，它同样有着像建筑一样丰富、空间化的剖面。甚至，对于城市的剖面而言，它更显得富于对比，充满神奇。

从城市边缘的山海景色到城市中心的高楼林立；从城市老区的老城旧瓦到城市新区的简约现代；从安逸的城市休闲区到繁华的城市闹市区 ... 城市的剖面上有着太多强烈的对比，太多跳跃的变化，同时，也有着太多诗意的情结……

每天清晨，当第一缕阳光洒向这个城市时，在同一剑剖面卷轴上，可能也正恰恰行走着这样两个人，两个未来才会相识相知相爱的眷侣，只不过，此时此刻，他们一个城南，一个城北；一个向左走，一个向右走 ...

记录城市卷轴，记录城市中同时发生着的，不同的，城市的记忆，感悟城市中的——诗性精神。

赵中杰

城市灰空间的一个重要体现在于其城市建筑随时间的变化，城市街区，天际线以及建筑本身都会产生城市灰空间。现就一个历史街区进行调研，以理解整个城市灰空间。

大连市天津街历史悠久，始建于 1909 年，是大连商业发祥地，至今已有百余年历史。改造前全长 1720 米，宽仅 18 米。2003 年全面开发式改造后，街长 1054 米，街宽 30 米。其中天百百货，大连旅馆等老建筑被保留了下来，其建筑体量与风格与新建建筑形成了鲜明对比，从这种对比中人们可以感受到城市灰空间。

在关注了中山广场的附属人行设施之后，希望通过增设有导向性的斑马线，在缓解人行交通压力的同时，由所朝向建筑的设计师和年份构成的人行斑马线，增加人们对中山广场周边老建筑的了解。

邢绍怀

刘超

大连俄罗斯风情街位于大连市团结街商业繁华地段，有着 100 多年历史，由 38 栋经典俄式建筑组成，但由于人们的忽视与破坏，这条大连特色的街道正日渐萧条；田子坊是上海所剩不多的老式里弄式格局，现已成功改造成为创意产业聚集地，并使原有旧区得到良好保护。本项目通过对田子坊原有结构、改造形式的分析与研究，以及将大连俄罗斯风情街与田子坊的特点比较分析，提出了利用镜像等方法来实现新旧交融、互为邻里、尊重历史、和谐统一，旨在探寻大连俄街发展复兴之路。

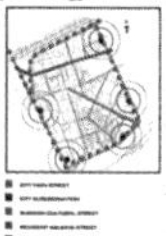

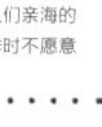

璐璐

15 库从公共空间变成了私密空间。但是它室外空间特别开放。缺少一种室外的领域感。

15 库前面广场的宽度大概 70 米，再加道路，人行道宽度一共是 90 米左右，说明 15 库前面的空间很开放。

贺美玉

冬季时城中人与人，人与海的交流明显减少，因为大连冬季的风速很大，不适宜在外活动，当地又没有为人们提供适宜性的建筑来满足人们亲海的心理，因此当地居民迫于季节原因，冬季时不愿意出门与人，与海交流。

海滨城市，地
大连没有北
点是道路高差
次眺望远方，
独特的丘陵地
感受。

进行街道元
历史，通过观
模式进行比较，
而总结出开放
，通过不同建
区域。

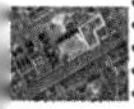

2006

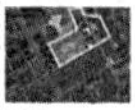

2010

王潇北

调查凤鸣街老建筑的造型、布局、材料、体量、结构等，寻找相似风格特点。在调查中，还观察到建筑外围的围墙十分特别，既起到了划分作用又不影响人们交流。因此，我根据调查结果在凤鸣街上选定一些固定位置安放相机脚架，为大家取好景，方便自拍以及快速的照出最有凤鸣街特点的照片。

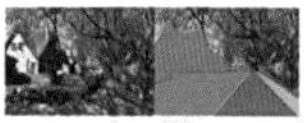

林俐

以高尔基路和凤鸣街为探究对象，街道两旁的花园、店铺、围墙、植物生长处等半开敞空间吸引了我的注意力。我把这些介于公共与私密的半开敞街道空间定义为街道灰空间。它们是接连不断的街道剧场，微型博物馆，一个即便没有对话发生也能够产生交流的舞台。炫耀、保守、躲避、欢迎，遇见、对话、嬉戏、观察，街道灰空间折射出不同的表情和态度，其间可以发生任何有趣或者令人不快的行为和“事件”。而正是这生动的一切，构成了城市的涵义和城市的温情。

关冰玉

对于市民及游客来说，有意安排的站点却未达到应有的效果——展示老大连风貌。

调研者选取 201 路沿线进行研究，老大连 icon 的观察，最终选定将民主广场及电车厂进行 renovation。将历史与城市的发展结合表达，从而既达到了广场人车分流，解决交通问题，并重塑电车工厂形象，形成新的市民汇聚场所。

张世琦

针对大连市内历史最悠久、径流最长的河流——马栏河的历史背景，及其径流周围的环境、建筑、人群活动等因素，我进行了深入的调研分析。从大西山水库开始，至星海广场结束，我将其划分为特点鲜明的 7 个部分，用一个示意的河流剖面和城市天际线的手绘图进行分析和表现，从而总结出影响城市空间人群活动的 5 大控制因素。

七七街的建筑与年代的推移

夏槟

王洪俊

经过对大连的调研发现这样一个现象：由于大连变化起伏的地形会让你前方的视野不断发生变化，时而仰俯时而宽窄，所以我提出这样一个概念：用双曲线将空间划分成三部分，当你从双曲线中间穿过时，视野会由宽变窄再变宽，给人带来一样的体验。

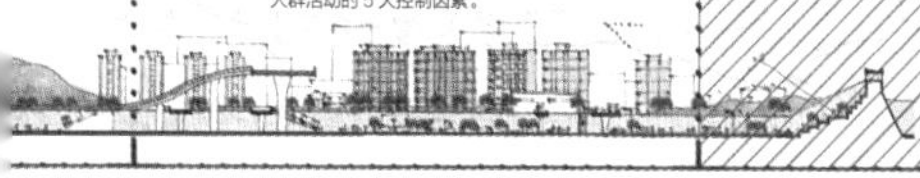

大部分的废弃铁路都位于大连曾经的工业区，随着城市的发展、厂址的搬迁，这些铁路因为产权的原因直至今日也无人问津，却在环境的变迁中提供给人们一些很特殊的空间。

废弃铁路作为一种线性空间，将城市中不同节点串联在一起。线性空间虽然在空间上是延续的，却因为周围的地形、人的行为，与两侧房屋围合的空间尺度而变换着本身的空间氛围。

It's common to find many abandoned railways in Dalian, especially in old industrial area. With the development of city and removal of factory, the railways remain and provide different space in urban area.

A railway links many spots as a linear space. As a space, it's continuous and holistic, but according to the landform, human behavioral, space scale, the space mood is changing all the time.

工业元素

周围环境的不确定

空间氛围的对比

NOISY　　　QUIET

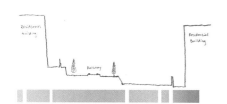

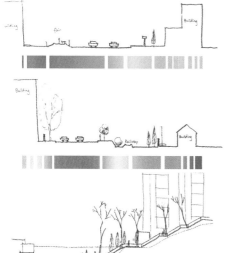

主要空间节点的动静分析

OPEN　　ENCLOSURE　　OPEN

DIVIDE SPACE

STAY

WALK

STAY

DIVERT ATTENTION

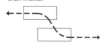

路径的可能性

大连废弃铁路探珍

城市旧铁路的
新精神

New spirit of old railway-
research of urban abandoned
railway

黄贯西　Huang Guanxi
建筑学 0802

　　最早引起我兴趣的是校园东门外的废弃铁路，它作为一条不再行驶火车的铁路已经失去其原有的功能，却因此与附近居民的生活息息相关了起来。接下来的调研工作便围绕大连 5 条废弃铁路展开。不少废弃铁路已然成为城市交通卫生痼疾，但就它们在线性空间上的空间氛围，对道路空间结构的影响等，却有了不少有趣的发现。

I was being attracted by the abandoned railway out of the east gate of our campus. It has lost the former function as a transit line but got more relationship with the local inhabitants. the abandoned railway near our school is not unique, there are several different abandoned railways in such a harbor city. However, the situations of the railways I visited are not good. But even so, some points must be emphasized, such as the contrast of the linear space, influence to the space of the street structure.

铁路占街道空间的比例

SPACE RATIO

铁路　　人行道　　　　　　　　　　绿化带

剩余空间

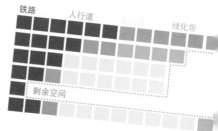

教师评语

　　一项针对大连街道遗留铁路的再利用的研究。在中国城市的快速开发中出现了很多废弃的铁路，成为了街头巷尾的"间隙"。本案提出将其作为附近周边居民区的临时市场使用，并通过沿着山地绵延起伏的路线，表现大连的地形特征。

　　从身边的事物着眼展开实地调研，并结合历史文献，进行设计和发展，过程周到而精彩。

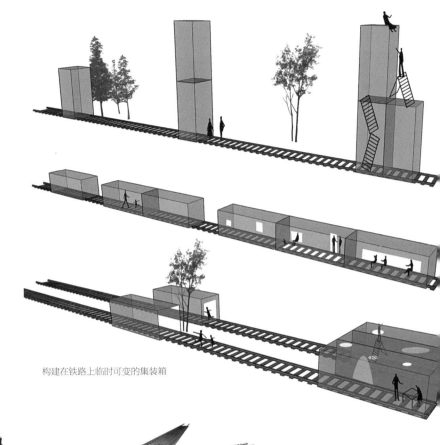

构建在铁路上临时可变的集装箱

工业元素

铁路的相关模数

集装箱的相关模数

转换空间的过渡带

休憩场所

马栏河沿线

城市防洪河道探珍

Explore into the city river-bed

张世琦 Zhang Shiqi
建筑学 0701

马栏河是大连市内径流最长、历史最悠久的人工河流。从大西山水库至星海广场入海，径流 19.3km，现为大连市内最大的城市防洪河道。

　　我在大连已经生活了近 4 年，每次乘坐公交往返于这座城市中时，有一样东西一直很让我感兴趣，就是那条铺满了混凝土、常年没有水的马栏河。我打算从专业角度来深入了解和研究一下这条特殊的河流。

Under Professor Yamashiro's guide, I begin to do my research of the city. I have been living here for almost 4 years, and everytime I take a bus to travel in the city, one river which is covered with concrete without any water attracts me very well. So I plan to take this chance to make a deep research of the special river with my architecture eyes.

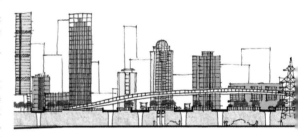

沿河徒步而行，记录下了马栏河整个环境和空间特点，并将其剖面连同城市天际线绘制成图。整个河流状况及周边城市环境特点一目了然。

调研过程

调研过程中，发现这条河流并非我平时见到的那样缺乏生机。从水库到足球公园，从居住小区到啤酒工厂，从大学校园到建材市场，从高级公寓到星海广场，围绕这条河发生了太多的故事。我制作了一张整条河流的剖面连同周围的建筑和自然环境的手绘意向图。这张图中的建筑数量、河流长度和深度的比值都不是实际的数值，但是建筑的高度、尺度、立面、环境都最大程度地还原了实际情况。同时，根据调研中的见闻和感受将整条河流分为 7 个部分，并设计了一个影响因素评估系统，结合每一部分的横向剖面来分析每一部分中人群活动的影响因素。

Research process

During my research, I found that the river is more vivid than I thought. From the residence to the beer factory, from the campus to the building material market, from the senior apartment to the Xinghai Square, many kinds of things have happened around the river. I made a show-picture of the whole river's section with the buildings and the environment around it. The number of the buildings and the length & depth of the river are not exactly right, but the height, the facade and the environment are all made as well as I can exactly right. I divided the whole river into 7 parts according to the characters, then created a assessment system to analyse the factors influencing the human activities in the river with some sections' help.

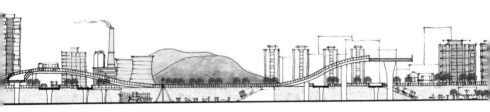

通过调研，归纳出影响河道中人群活动的5大影响因素。

1. 周边居住建筑的距离
居住建筑相距较近时，其间空间演变成庭院。

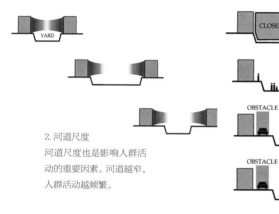

2. 河道尺度
河道尺度也是影响人群活动的重要因素。河道越窄，人群活动越频繁。

3. 河道周边道路等级
周边道路以街区步行道路为最佳。没有道路或车行道路都将影响人群到达河道。

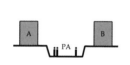

PA B／A	Industry	Public	Residence
Industry	■	■	■
Public	■	■	■
Residence	■	■	■

4. 周边建筑类型
周边建筑类型以居住建筑为最佳。其他类型都难以吸引人群进入和利用河道空间。

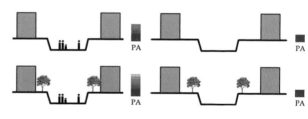

5. 周边绿化
在周边道路等级为步行道路的前提下，周边绿化会增强河道空间对人群活动的吸引力。

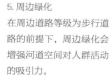

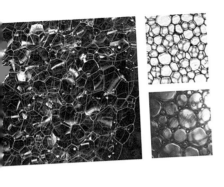

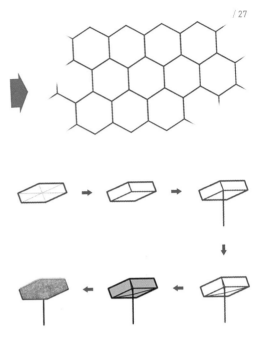

空间设计

　　增强河道空间吸引力为此设计的主要目的。通过提高河道可达性、增加河道色彩感、提升河道空间感来达到此目的。首先从肥皂泡意向提取六边形网格；再设计出三种六边形单体以满足不同功能需求；最后在河道中实施，使其在白天和夜晚都有很好的视觉及空间效果。

教师评语

　　沿着横贯大连市区的马栏河，勾勒出大连的城市形态。以线性的马栏河为基准观察大连，城市的多样性会自然显现。将这些特征以连续的城市立面的方式描绘出来，一目了然。

调研过程

大连高尔基路一段的凤鸣街区分布着90年前日本人留下的小洋楼。它们是当年最流行的国际式建筑，充满和风情趣。一到两层别墅沿街布置，门前的花园，绿植形成了人情化的亲切尺度让我印象深刻，并获得了鲜有的行走乐趣。相反，在高尔基路另一侧的人行道虽在设计上宽敞的多，但现已被私家车占用，街道界面亦单调乏味。为研究两种不同街道体验的根本，我比较了世界范围不同城市的相同街道空间，并总结出四个最主要的空间因素制作图解帮助分析不同空间的不同属性。

基于大量城市案例，我对该种类型空间下了定义：一个不完全围合的（隶属于个人或团体），被一定私人装饰或建筑元素限定出来。它须位于街道两旁，对公共视野开放，介于私有财产和公共街道之间。

然而，这样人情化的空间情感已在现代化城市建设中变得越来越少。如何把城市街道的灰色情感应用于当下流行的高层建筑？是否能把横向的街道旋转90°，竖向渗透进楼层大厦？这些问题成了我的设计焦点。

Research Process

In order to research on the different walking experience, I compared this similar space among cities worldwide. As a result, I summarized out 4 main spacial elements to evaluate the quality of this streetline space. Based on a number of examples, I made a definition of "street gray space":A not completely enclosed space (belongs to certain company or people) that is defined out by certain private decorations or architectual elements, locates besides the street, open to the public sights, in between private property and public street space. Then I started to research on what contributions can gray space make to the city and people. It finally came to 6 effects and contributions as my conclusion.

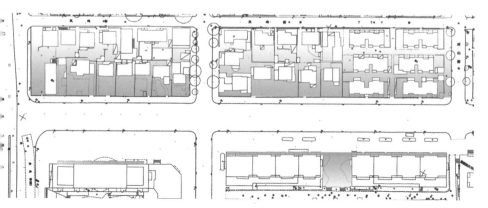

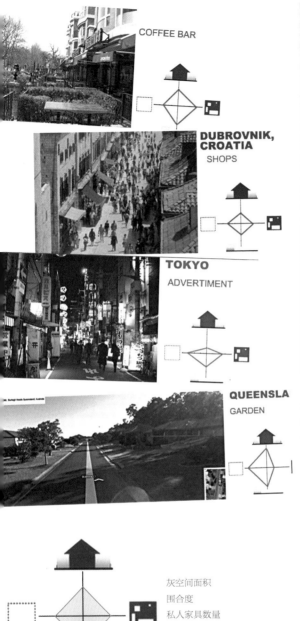

COFFEE BAR

DUBROVNIK, CROATIA
SHOPS

TOKYO
ADVERTIMENT

QUEENSLA
GARDEN

灰空间面积
围合度
私人家具数量
灰空间与人行道的进深比例

高尔基路凤鸣街路段

城市另类色彩宣泄——探珍街道灰色空间

Different city expression: street gray space

林俐 Lin Li
建筑学 0801

　　以高尔基路和凤鸣街为探究对象，街道两旁的花园、店铺、围墙、植物生长处等半开敞空间被视为灰色空间。街道灰空间是接连不断的街道剧场、微型博物馆，一个即便没有对话发生也能够产生交流的舞台。保守、躲避、欢迎、偶遇、对话、嬉戏，灰空间折射出人们不同的表情和态度，而正是这生动的一切，构成了城市的涵义和城市的温情。

When I researched on Gaoerji Rd, gardens, shops and walls along the sidewalks caught my attention. This streetline space is an open theater, micro museum, and a communicating stage. Different attitudes and expression can be showed via the gray space. Most importantly , this is what makes a lively city.

街道灰空间限定元素：

临时家具、灯光和广告、围栏、矮墙、绿化、屋檐和柱廊

街道灰空间对于城市空间的影响和作用：

影响街道秩序

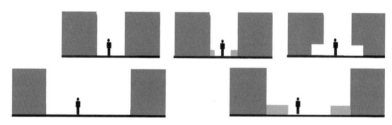

A 改变了临街建筑的视觉体验

B 影响人的行为   C 影响街道尺度

灰空间围绕整个建筑，悬挑的大屋顶或者柱廊限定空间。

一座建筑或两座建筑之间的凹处也会形成一个供人休息或充满景观绿化的灰空间。

空间相对狭小，它们往往由房屋主人创造。这种小空间令街道呈现出亲切的尺度和态度。

D 不同场景上演的舞台

E 改变街道透视和景观层次

流线的变化

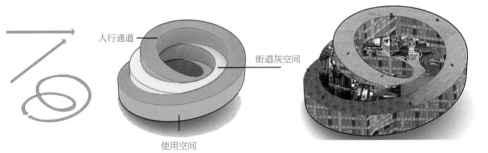

人行通道

街道灰空间

使用空间

设计概念

灰空间由绿化组成，形成一个开放空间，绿化元素呈现出一种随意设计的状态。

建筑立面凹凸不统一，但灰空间的界面保持一致，此时街道空间的线性感被强调。

建筑立面整齐统一，灰空间被临时遮蔽物限定出来。它们随机出现，让行人获得丰富的行走体验。

教师评语

通过调查研究大连有代表性的近现代住宅街区凤鸣街，聚焦低矮的院墙、小型的庭院，以及坐落其中的单栋小住宅，发现了与集合住宅为中心的中国城市建设完全不同的特征，并提出"灰色空间"的概念。

此概念得到多数成员的认同，并成为之后的设计及建构的概念。

选择城市剖切位置的原因

1. 街道尺度剖切线：凤鸣街——希望广场区域——中山广场区域——大连港

选择原因：由于调研不仅在于城市空间，更重要的在于空间中的事件。这条剖切线上具有鲜明的事件的活跃性，即从凤鸣街的大连老建筑区内产生的事件与现代化的城市空间区产生的事件有着鲜明的对比，在事件、空间、人三者的关系上更显神奇。

2. 区域尺度剖切线：大连港——旅顺口

选择原因：有别于大部分现代化城市，大连的城市地貌属于"山——海——城"模式，而所选择的"大连港——旅顺口"剖切线最能在形态和人的活动上反映出"山——海——城"这一特点。

"山——海——城"的城市剖面形态：

区域尺度：从黄海——旅顺口——大连，形成的山区城市形态总体上以山脉起伏为主要动向。起伏变化均匀，城市镶嵌在变化的山体形态之中。

凤鸣街，希望广场区域，
中山广场区域，大连港

城市剖面——城市
卷轴里的诗意精神
Urban section-city's poetic spirit

What I did is not only the city but also the history and emotion. It always happen that we lived in the same city but we don't know each other before we fall in love. We are in the same section but different plan. Everything is changing, not only love but also architecture. In the fist week, I forcuse on the emotion of the section I choose and the proble shape of it. And then, I researched the lives of the section. I have founded that, there are different pusle of the city in different part. Also, I have researched the history of dalian, to compare the same section at different time. It's changing fast. In the last two weeks, I researched the details of the section and found the real shape of it. And then, I put them together to firm the section.

宋鹏 Song Peng
建筑学 0802

　　谈及城市，研究的往往都是区位、总图等平面概念的图形语言，而很少会涉及城市剖面。可对于城市，它同样有着像建筑一样空间化的剖面。甚至，对于城市剖面而言，它更加富于对比，充满神奇。从城市边缘的山海景到城市中心的高楼林立；从城市老区的老城旧瓦到城市新区的简约现代；从安逸的城市休闲区到繁华的闹市区……城市剖面上有着太多强烈的对比、太多跳跃的变化，同时，也有太多诗意的情结。

It always happens that we lived in the same city but we don't know each other before we fall in love. We are in the same section but different plan in the first week, I focuse on the emotion of the section I choose and the proble shape of it. And then, I researched the lives of the section. I have founded that there are different pulse of the city in different part.

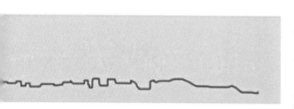

　　山——城：城市空间沿山体形态布置，依山而建，依海而建，城市剖面在城市内部的尺度上，呈现高差变化剧烈的波动形城市剖面，由此形成了丰富多变的城市景观。山中有城，城中有山，山城看海。

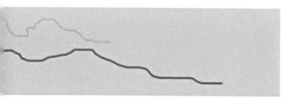

调研方式及做法

1. 空间方面：提取整条剖切线中最有代表性的若干个点，深入城市中，实地发现空间形态及感受并绘制成图，最后将这些区域的空间面貌图连成线，总结出此剖面上空间形态和感受的特点并加以分析。

2. 人与事件：在一天24小时内，选择7：00、9：30、12：00、15：30、18：00、21：00 六个时间点，从凤鸣街开始徒步沿剖面调研，观察不同区段内人群类别及人的活动特点，最后总结出整条剖面上同一地点不同时间、同一时间不同地点的事件和人的关系。同时这也从侧面反映了整个城市一天当中的精神状态。

剖面节点形态

教师评语

　　本案对于大连城市的横断线用音乐的旋律进行
了系统的描绘。虽然存在着一些客观性的瑕疵，但是
如何描绘一幅的城市、并进行设计本身的确是值得研
究的问题。其挑战性和努力值得肯定。

剖面代表性形态元素提取

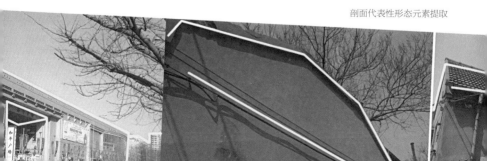

基于"城市灰空间"的探究而对天津街进行了调研，进而将其现状与改造前的旧貌进行对比分析，视角从整个街区逐渐移至建筑单体的细部，其中夹杂着人的行为活动和感情认知。最终得出结论，城市随时间变化的过程包含着城市发展和人们生活变迁的印记，是值得人们仔细体味的，但是在人们日益匆忙的工作活动中，缺乏着一段时间和一个空间，可以使人们安静下来去观察自己所生活的城市。于是，设计的思路明晰，即建设一个可以引导人们以设定的角度观察城市，既提供休息停留空间，又不影响原本设置地点的正常使用的一个建筑构筑物。

Based on the "urban gray space" of the inquiry, to make an investigation of Tianjin Street. The sight move from the whole street to the detail, which were mixed with cognitive activity and emotional behavior. Ultimately concluded that the city change over time in the process of urban development which contains the imprint of changing people's lives, it is worthy of careful appreciate But we lack the time and a space which can make us to observe the city we lived in. So a design to make a building structure that can help people staying comes out.

2003 年天津街

2011 年天津街

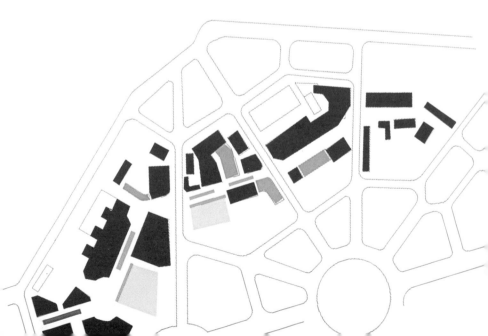

刚建成天津街　　　　　　　改造后天津街

老天百百货

改造后天百百货

大连市天津商业街历史悠久，始建于1909年，全长1720m，宽仅18m，是大连商业的发源地，至今已有百余年历史。2003年改造后，街长1054m，宽30m。改造分为三部分，新建建筑，对老建筑模仿的新建建筑，以及老建筑的维护。

改造前上海路宾馆

改造后保留原貌上海路宾馆

天津街

时间变化下的城市空间记忆

A city space memory under changing time

赵中杰　Zhao Zhongjie
城市规划 0801

如果把城市建筑随时间的变化看作是一种"城市灰空间"，其中夹杂着各种物质和非物质的印记。城市街区、天际线以及建筑本身都会产生灰空间。于是，基于"城市灰空间"的探究而对天津街进行了调研，以其旧建筑体量和风格与新建建筑之间对比，将时间变化加入到其中，就生成了一种可以用来理解城市的工具。

If treat the change of the city as a "urban gray space", and this one mixed with tangible and intangible's mark. Urban neighborhoods, skyline and the building itself have the gray space. Based on the "urban gray space", we have an investigation of Tianjin Street. There are different between the style of old and new buildings, and take time to add to this one. It can be used as a tool of the city understand.

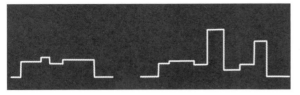

分析沿街建筑天际线变化

分析沿街建筑，立面新旧差距
很大，开窗形式不同新旧街道
全景对比

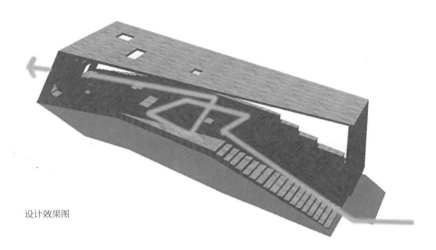

设计效果图

教师评语

　　选择了代表大连商业繁荣的天津街，采用该商
业街改造前的街道立面，通过蒙太奇的手法来表现街
道两侧立面的现代连续性。这些资料对今后的研究具
有一定的价值。

天津街现貌

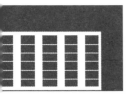

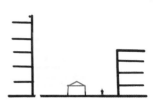

分析街道拓宽，但建筑过高，人
的视线反而不能包含整个建筑了

凤鸣街

城市中不同属性
的空间形式

Different space types in the
city

张明月 Zhang Mingyue
建筑学 0802

　　对大连的城市探究选择了凤
鸣街这一地点进行研究。内容包括
其历史、人物的行为、语言、生活
模式等，并与空间模式进行比较，
得出空间对人产生的不同影响。总
结出开放空间、公共空间和私密空
间的不同特性和作用。通过建筑手
法，为人们营造出适合不同活动的
区域。

Choose Fengming street for the place of
the Dalian city research. Which includes
the history, language, living style and
to compare them with the space form,
rearching the conclusion that spaces have
different influences on people and the
public space, common space and privacy
space. Use building techniques to create
the spaces for different uses.

Research process

First I choose the place because of its beauty. And by comparing with dif-
ferent kinds of buildings all around the world and under the help of existed
theory find the specific place in Fengming Street. Then summary the rela-
tions between space and active. Make the definition of the common space
and list the constituent elements. Get the influence of different space forms
on people. Last use the conclusion on design.

比较
通过和世界范围内不同城市、不同形式
和功能的建筑形态比较，运用格式塔心
理学原理找出形式上的异同并进行比较。

选址
之所以选择凤鸣街进行调研是因为这条街道的美
丽和由于种种原因街道的消逝。

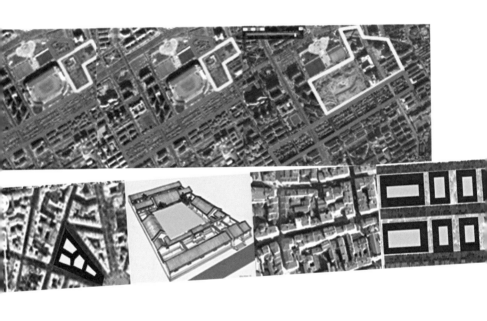

在凤鸣街这一特定地点找出公
共空间范围

a. 人类行为

c. 秩序感

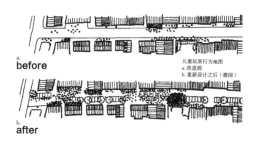

a.
before

儿童玩耍行为地图
a. 改造前
b. 重新设计之后（德国）

b.
after

影响

不同空间形式对人类行为产生不同的引导作用。不同功能空间应有不同设计意向以便让人在期间适宜活动。通过一组实验证明空间不同的层次构成对人类行为有一定的影响。

应用

通过调研总结和分析，得出公共空间等结论。抓住其根本特征进行设计，最终应用于建筑与城市范围中，塑造诗意尺度。

b. 防御方式

d. 多样性   e. 陈设品

教师评语

　　选择了具有大连特点的原日本人居住区的空间作为研究对象，通过对该地区开发原因的了解，将四合院以及欧美中庭院落的住宅形式与独立住宅外部空间应有的样式之间进行对比与讨论，从更高的视点上关注场所与人的行为之间的关系。

202 电车沿线

有轨电车沿线周边建筑空间研究

A research on buildings along the Dalian tram line

石钟鸣 Shi Zhongming
建筑学 0801

从 202 线的和平广场到星海广场段的短短 2 分钟车程，乘客可以感受到线路西侧殖民地时期的低密度住宅，20 世纪 80 年代建成的多层住宅，还可以看到线路东侧极富现代感的高层建筑、星级酒店、博物馆等等。在调研中，以时间轴为主线，对沿线的建筑的立面、材质、功能，建筑的功能与分布形式以及屋顶天际线进行研究。

This very site is the surrounding area along the Tram Line 202 between Heping Square(a shopping mall) and Xinghai Square(the largest square in Asia). The east side of the tram line is a collection of the modern elements of Dalian, while, on the contrary, the west side is a collection of the buildings constructed in the past times - the entire site as whole symbolizes the past and present, history and today, culture and economy of this vibrant coastal metropolis, the city of Dalian.

Research Progress

Dalian is one of three cities in China that have had a continuously running tram system, namely Line 201 & 202, together with Harbin and Hong Kong. All other Chinese cities with tram lines have closed theirs.

This very site is the surrounding area along the Tram Line 202 between Heping Square (a shopping mall) and Xinghai Square (the largest square in Asia). The east side of the tram line is a collection of the modern elements of Dalian, while, on the contrary, the west side is a collection of the buildings constructed in the past times - the entire site as whole symbolizes the past and present, history and today, culture and economy of this vibrant coastal metropolis, the city of Dalian.

The SKYLINE of the site presents a huge contrast between the east and west side of the tram line and is like the pitch of a piece of music, which has slow, medium and fast tempo.

The Conclusion

Taking the all the elements in the research above, it can conclude that this very site can be a symbol of the 100 years' development of Dalian, even the entire China. A 2 minutes' tram trip through this site is just like a tour of the history of Dalian.

独体住宅的分布形式——分散、开放，独体住宅的分布形式是分散的，它们所构成的空间是开放的。

多层公寓住宅的分布形式——条状、围合。多层公寓住宅呈条状排列，且具有空间围合的作用。

高层住宅——高密度高层住宅一般为点式，高容积率可能夺走了人与自然的亲密性。

LEGEND

Low-density Villa

Mid-density Apartment

High-density Flats

Commercial Skyscrapers

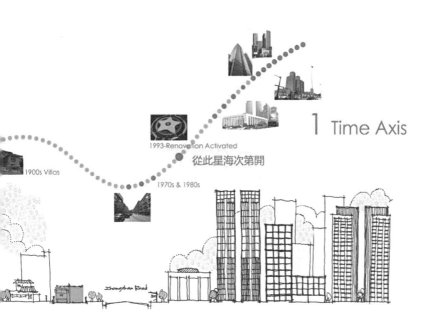

1 Time Axis

1993-Renovation Activated

從此星海次第開

1900s Villas

1970s & 1980s

Zhongshan Road

教师评语

对大连新开发的星海广场附近的有轨电车沿线区域进行了调研。描述了从日本殖民时期的住宅区、新中国时期开发的集合住宅到经济高速发展下开发的高层住宅等各种样式的居住形式共存的情景。

原因1——排列的柱状构件将区域分为两部分，即轨道东、西两部分，这样一来将会扩大两侧建筑的对比，凸显时代对比感。

原因2——构件将会对有轨电车的乘客的视线产生一定程度的遮挡，将会加大他们对另外一侧的好奇和兴趣。

原因3——构件可以被用作有轨电车电缆的支架，以取代原有的无设计的电线杆。同时可以加入夜晚的亮化设计，成为星海广场旁的又一道风景线。

Pitch of the Stick Array

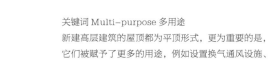

The track changes direction

Enter... Curiosity aggrandized and accumulates...

Can have full view of the vista...

Eyesight blocked again...
Want to see more!

关键词 Multi-purpose 多用途
新建高层建筑的屋顶都为平顶形式，更为重要的是，它们被赋予了更多的用途，例如设置换气通风设施、直升飞机停机坪等。

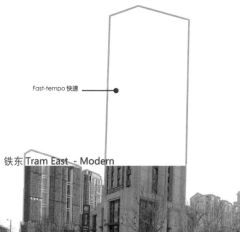

Fast-tempo 快速

铁东 Tram East - Modern

铁西 Tram West - Ancient

Medium-tempo 中速

现代，无立面

重复单元，单调

两层，坡屋顶

玻璃幕墙，新材料

瓦，水泥抹面，粉饰

红瓦，水泥抹面

商业，教育，娱乐

多层居住，饭店，一楼改造店铺

仅居住

关键词 Diversity, Slope 多样性，坡屋顶
几乎所有的独体住宅的屋顶的样式都是相同的，而且
全部为坡屋顶，仅有遮蔽阳光雨水的作用，材料是瓦。

关键词 Flat&Slope 平顶和坡顶
多层住宅的屋顶基本上有两种形式——平顶和坡顶。
坡顶是为了模仿独栋住宅的屋顶形式，并采用了瓦，
装饰性较强，而平顶的材料是混凝土。无论什么样式，
它们的作用仅为遮蔽阳光雨水。

Fast-tempo 快速

铁东 Tram East - Modern

铁东 Tram East - Modern

Slow-tempo 慢速

1979 年，第一条报纸广告

1979 年天津日报的蓝天牙膏广告，中国改革开放后第一条报纸广告。到 20 世纪 80 年代，用广告色手工绘制的户外广告，至 90 年代初，引进了计算机技术制作大型广告。

20 世纪 80 年代的手绘广告版

PVC 材料制作的灯箱广告，以及"三面翻"广告牌，在有限空间内宣传更多信息。LED 灯光广告和 LED 显示屏，在如今被广泛使用。

城市调研的起点是城市广告。以户外媒体为引导对象，对城市有代表性的不同空间区域分析并提取共性，总结广告密集区的特点。以城市俯瞰的视角，对比统一轴线上的昼夜景观。

The starting point of this urban research is City ad.To research some places in the city,find the common feature between them, Summarizes the characteristics of advertising-intensive areas.Stand on the top of the city,compare the view of day and night on the same axis.

大连商业中心区

城市广告／繁华空间的景观标签

Ads in the city / symbolic element of downtown

张玮缨　Zhang Weiying
环境艺术 0801

　　如今户外广告已逐渐成为城市景观的重要组成部分，它不仅使城市充满活力而且为企业提供商机。广告技术发展历程和密度分布与城市历史和功能区划也有着密切关系。自 20 世纪 70 年代末以来，户外媒体技术经过阶段性发展，城市中部分区域景观也随之发生了变化。

Nowadays, the outdoor advertisments seem to be one of the symbolic elements of downtown, they make the city lively and provid business opportunities for enterprises. Advertising development, in a sense, reflected the development of the age and technology. Since the late 70s of last century, the advertising has changed a lot just like the city and its economy.

现今青泥洼桥夜景

城市俯瞰昼夜对比

构想：将媒体和相关材料与景观设计结合

教师评语

　　广告是代表现代城市面貌的重要因素之一，但对此进行分析相对比较困难。然而该调研的突出特点在于，以广告的使用方法和技术变化为着眼点，分析了现代城市的景观与广告技术之间的关系。

俯瞰城市夜景时，霓虹绚烂的市中心在全景中则更加跳跃，而在白天却与住宅区连成一片。

城市的商业区和文化活动中心、交通枢纽地带，以及游览景点等，人群密集活动丰富的地方，往往户外广告也比较集中。

大有恬园星海广场和平广场

追寻城市原始痕迹——"静+和"的空间体验

Tracing footprints of the orginal in city: An experience of the space "peace +correspondence"

张强 Zhang Qiang
城市规划 0706

　　工业化的飞速发展以及土地的过度利用使得城市逐渐失去人性化，变成一个人们居住的水泥盒子。人们在繁忙的工作之余，找不到以往的恬意空间得以休憩。我通过对大连四处具有代表性的场所调查，创造出人们可以静下心来，平和、祥和的休息空间。大连城市的昼夜差距很大，在白天可以很清楚地区分城市各个空间性质、尺度等，而到了晚上很多区域变得朦胧，消失在黑暗中。而这些空间往往是令人感到恬意的空间，因此我设计光线引导人们在夜晚来到此区域休息。

With the development of industry, people put their eyes on technology more than before. So this makes the city that people live everyday is just a cube of concrete. After work, people can no longer find a place to rest like before. And what I want to do is to design a place to let people in and enjoy it.

和平广场附近情况昼夜对比

大有恬园附近情况昼夜对比

数码广场附近情况昼夜对比

星海广场附近情况昼夜对比

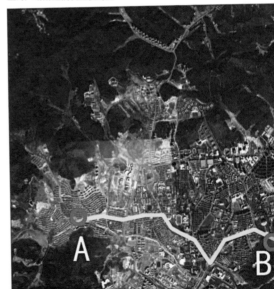

A 大有恬园
B 数码广场
C 星海广场
D 和平广场

灯光设计的过程

201 有轨电车沿线

大连有轨电车沿线
空间分析及改善

Spatial research and amelioration along tram-line of Dalian

一条街道　两座建筑　三个广场

关冰玉　Guan Bingyu
建筑学 0801

大连是我国仍然保留有轨电车的城市之一，引起关注的是电车线路仅仅保留两条，究竟为什么做出这种选择，我以此作为此次大连 city research 的起源。201 路有轨电车途经三个性格迥异的广场以及一系列展现老大连民俗和历史的街道、建筑。通过观察和记录电车中和电车站点人们的行为，我认为这条线路周边空间虽精心选取却并未得到充分利用，因此提出选择合适的地点结合当地情况创造一种简易可变的空间，能让人们回味并体验这一独特的旅行过程。

Three different-shape squares, two historical architectures and an old-style street along the tram line were not been appropriately used to show the history of Dalian. Through analysis of the spacial characteristics of squares I propose a temporary installment to create the surrounding feelings, for the same time to emphasize the style and feature of old architectures along the tram line.

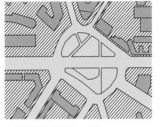

广场的边界线清楚，多为
建筑物的外墙

普遍缺乏具有良好封闭空
间的"阴角"

交通复杂，缺乏人行车行界限，为事故多发地。
在现有的条件下，如何能较好地改善广场的空间

东关街——商住结合，外部立面较为封闭，窄小低矮的走廊连接
内部的缓冲庭院，继而是环绕式的住宅

伪满铁公司——完全对称，凹字　　电车工厂旧址——廊道式连续空
形围合出入口广场空间　　　　　　间，俄式风格立面

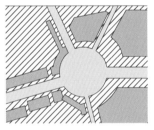

周围的建筑并非具有统一
和协调，D/H 比例并不
理想

结论：

1.缺乏广场的空间围合感，交通混乱。

2.老街道及老建筑的立面对街道景观的影
响日渐衰弱。

设计构思：

设计一种临设装置，通过空间创造围合感，
同时展示沿线建筑风貌。

 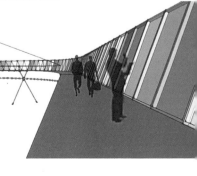

沈阳路老住宅

城市元素解析——
新老对比

Analysis on the ingredient
of city: Between history and
presence

老建筑的水平交通　老建筑材质——砖
廊道

崔文迪 Cui Wendi
建筑学 0801

竖向元素空间——教堂　新建筑的森林式排布

谈到城市，和小乡村、四合院甚至大杂院不同，人与人的距离感和隔膜相对较为突出。因此从新老城市的细节出发，通过对比的方式探寻其原因。

在形体模式方面，老建筑形体横向展开，新建筑多注重竖直形式，而竖直元素容易产生距离感，像中世纪的教堂。

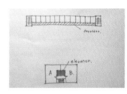

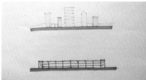

新、老建筑平面　　　　新、老建筑形体模式

在平面方面，新建筑的交通核，与老建筑的水平廊道不同，一定程度阻碍了交流产生。

在排布方式上，城市中高楼的排列方式与森林中的树木相似，容易造成压抑感。

在材料色彩的运用中，新、老建筑的材料及其颜色也给人不同感受：金属、混凝土、玻璃；砖、石材、木头。

设计说明：

通过对新建筑元素的抽象，简约表现现代城市，将其竖向、刚体、冰冷的特性表现出来。

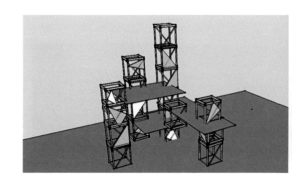

大连广场

探索城市空间——城市设计的对比与改进

Exploration of urban space: Changes and improvements happening in urban design

常雷 Chang Lei
建筑学 0801

大连广场

调研场地　　　　　　　　地形及噪声问题

中山广场周边天际线

问题与改进

人们对于大连的印象就是海滩、广场、西洋建筑与很好的绿化。由此出发，调研的第一步是大连的众多广场。着重考察了中山广场，对其周边的西洋建筑、天际线、交通状况，及人们与广场的关系进行了调查。第二步是由对广场的调研发展到对大连城市设计的探讨，就大连与巴黎城市设计与规划方面进行对比，找出异同之处。再进一步，找出大连城市中具有特色的某处（青泥洼桥附近），指出城市设计中出现的问题，并就之前调研得出的一些结论进行一系列改进。

俄罗斯风情街

新旧城的交融——
大连俄罗斯风情街
与上海田子坊的探索

Hybrid of new and old: Research
into Russian Street in Dalian
and Tian-zifang in Shanghai

刘超 Liu Chao
环境艺术 0801

大连风情街实景　　　　　　　　上海田子坊实景图

　　大连俄罗斯风情街位于大连市团结街商业繁华地段，有着100多年历史，由38栋经典俄式建筑组成，但由于人们的忽视与破坏，这条大连特色的街道正日渐萧条。田子坊是上海所剩不多的老式里弄式格局，现已成功改造成为创意产业聚集地，并使原有旧区得到良好保护。本项目通过对田子坊原有结构、改造形式的分析与研究，以及将大连俄罗斯风情街与田子坊的特点比较分析，提出了利用镜像等方法来实现新旧交融、互为邻里、尊重历史、和谐统一，旨在探寻大连俄式风情街发展复兴之路。

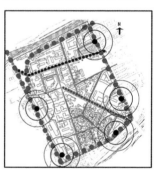

交通分析图

建筑年代分析图

功能分析图

观点：新建筑应该保持和旧建筑的连接，形成真正的街区，保护历史文化。让传统建筑发挥其作用，成为真正的精神上的建筑。

设计概念

大连风环境

风对人们的影响
——风的情怀

Impact of the wind: Wind
whispering

大连风向分析

夏季受到从东南沿海吹来的暖空气的影响。冬季则由从陆地吹来的冷空气的控制。因此大连四季有风，常年有风。

宋奇锋 Song Qifeng
环境艺术 0801

事物之间都存在着联系，没有什么可以脱离环境而单独存在。事物间的相互作用往往会创造一种意想不到的感觉，有时这种美感会难以置信。

当风掠过竹子，原本寂静的竹子不再安分，变得躁动不安，它们如同一位舞者随着竹叶沙沙的旋律开始舞动起来。其实这是风通过植物来表达它的情感，有柔情、有愤怒。这是一场兼具视觉、听觉、思维的表演。

灵感来源

小品设计

金石滩

"亲海"边缘空间——北方海滨城市商业建筑设计研究

Seaside space: Research into commercial buildings along Northern coastline

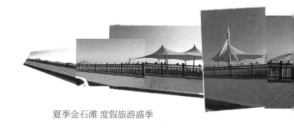

夏季金石滩 度假旅游盛季

贺美玉 He Meiyu

环境艺术 0801

冬季金石滩 度假旅游淡季

概念建筑规划图

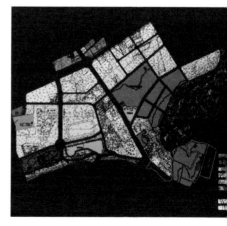

一座滨海旅游城市,一片最具魅力的滨海景观,地处大连东北端的黄海之滨大连金石滩在这里虽然有优质的自然环境,然而人与人、人与海的交流颇少。因为缺少对冬季气候的了解,以至于影响了人们亲海的心理,我认为应该在大连金石滩黄金海岸上规划设计一个具有吸引力的特色旅游休闲商业文化中心,重新激活金石滩冬季旅游的城市活力,令来此的人一年四季都能最大程度地亲海。同时,改变本地居民行走的轨迹,在这里驻足更多的与海、与建筑、与人交流。

中山广场

探索城市广场历史与现代的交融

Exploration into the fusion of the past and present in square

邢绍怀　Xing Shaohuai
环境艺术 0801

中山广场交通现状

中国其他城市对斑马线的探索和改变

中山广场是原大连的城市中心，大连的城市风格迥异于中国其他城市。大连的建设以中山广场为中心，呈发射状的城市布局。时至今日，大连中山广场依然是大连市不可或缺的一部分。但作为大连市的文化遗产中心，中山广场的人行交通却存在着很多的弊端。我希望通过改变斑马线的形式来改变中山广场文化性和周边街道的联系性。通过加强人行通道的标示性，来逐步地改善作为交通枢纽式环岛广场的中山广场的人行交通压力。增强斑马线的"立体性"来加强本不明显的斑马线标示。同时，形式上以大连中山广场的简单历史文字来增强作为存在于历史遗留建筑周边设施的文化性。

设计概念图

大连广场

蜿蜒而建的道路
in 大连
Zigzag Dalian roads

林皓 Lin Hao
建筑学 0802

大连坐落于辽东半岛南端,地处丘陵地带。由于自然地势的高低起伏,突出的特点是道路高差剧烈且沿山布置,有种过山车的感觉。每次眺望远方,总有一座座小山作为建筑的背景。这种独特的丘陵地带的特点同样带给大连人不同的习惯和感受。调研后尝试在街道上做一些笔直的与膝盖同高的现代篱笆来改变人们对于蜿蜒曲折道路的固有感受。

FENCE AND THE WHOLE THINGS SHOULD HAVE A UNIFIED HEIGHT.
EN EACH SINGLE FOR PEOPLE TO GO INTO AND OUT.

凤鸣街

凤鸣街的房屋布局及建筑形式调查

Research into the form and Combination of house in Fengming street

体量

王潇北 Wang Xiaobei
工业设计 0801

细节

凤鸣街是一条历史悠久的街道，我调查了街上老建筑，寻找使他们看起来相似而又不同的特点。这些建筑外围的围墙十分特别，它的高度既能划分街道和院落，又不影响人们交流。因此，我根据调查结果在凤鸣街上选定一些固定位置安放相机脚架，为大家取好景，方便自拍以及快速的照出最有凤鸣街特点的照片。

设置了定位的相机脚架和可以爬上墙的梯子，让人们注意到围墙的特别与凤鸣街建筑的特点。

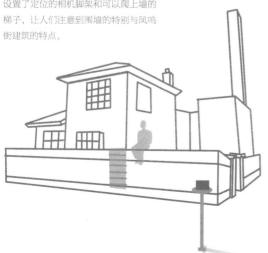

大连港 15 库

再利用 15 库——城市创意区

Resurrection of life: Transformation of the 15th depot

15 库过去和现在的功能变化

15 库的四边空间

15 库改建以后的功能

璐璐 Lu Lu
建筑学 0802

我对海边城市和如何去保护有历史价值的建筑很有兴趣。因此我选择了 15 库作为我的调研目标。调研的第一个工作是了解 15 库的历史。它是在 1929 年被 South Manchuria Railway 公司建造的。过去它曾是中国最发达的港口，富有象征意义。现在这个地方成为历史保护区，城市创造区也是城市新发展的开始。

15 库周围的建筑和它们的形式

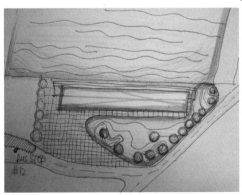

设计构思

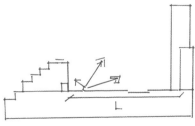

强烈的空间对比

大连的广场

大连视野的双曲线

Hyperbolic curve in sight of Dalian

在高处视野变广时的情景

视野逐渐变小

wide
narrow
wide

王洪俊 Wang Hongjun
工业设计 0801

大连多丘陵，地势时高时低。在路上行走，前方的视野也因此时广时窄。在上坡路的时候，前方除了坡顶，能看到的东西越来越少，当登上坡顶的时候，有一览众山小的感觉，视野豁然开朗。大连也有很多这样的路口，从其中穿过视野也会由宽变窄再变宽，给人不一样的体验。根据调研，我提出"视野双曲线"的概念，用双曲线将一个空间划分为三个区域，当从中穿过时，会有着视野上的变化，给人带来新奇体验。

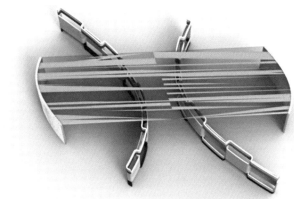

模型

模型使用场景

可以用来悬挂图片

人可以坐在上面休息，同时也可以观赏我们的作品

大连街道

复合街道

Compound Streets

陈瀚 Chen Han
建筑学 0801

街道肌理示意

视线

建筑

人们能看清建筑细节的程度与距离的关系

上面的部分与城市的关系更密切 我理解为 for city.通过这个部分人们可以了解城市的形象因为对于这个部分你不能关注到她的细节 更重要的是她是什么样的

for city
for people

下面的部分与人的感觉更密切 我理解为 for people. 在这个部分人们可以看清建筑的细节 建筑的颜色

在 workshop 中，作为一个城市中的漫游者，对城市有了更深的理解和想象。在城市中，街道是连接建筑和城市的媒介，作为城市参观者和居住者的一切公共生活在这个媒介中发生，因此街道是实体上产生城市情感的直接因素。在调研和设计中重塑人的尺度和城市形象产生与城市发展的矛盾的调和，成为主要关注的因素，因此提出了 mixed street 和 mixed building 的概念。在满足城市向高发展的同时，利用底层建筑和近地环境营造适于人的城市环境，在建筑形体、立面和布局规划上应该具有一定的限制性来塑造城市面貌。

复合建筑与复合街道概念示意

探索城市空间——城市设计的对比与改进

Space in city: Variation and Progress in the field of urban design

夏槟 Xia Bin
环境艺术 0801

通过对大连丘陵地形的调研，在城市的历史与建筑之间寻求一种关系。因此，选择大连南山地区作为研究对象，此地区过去为日本侵占大连时的高官及富人居住区，因此为其别墅旧址。现房地产开发公司将其旧房新建，打造新的高端别墅区，主题为回到 1910 年。由于此项目位于地形海拔低处，循路而上，为大连市植物园，根据丘陵的地形特点，随高差的变化设计了若干构筑物——Urban Eyes，表面附有大连从 2010 年到 1910 年不同年代的历史照片，旨在让路过的行人能够了解和回忆大连的那段历史。

后期 / Second Phase

后期课程概要 / Process of Second Phase

后半阶段的设计坊，要求运用前期调研得到的设计概念，以校园内的草坪广场为基地展开建构设计，并进行实际制作和搭建。

首先，22 人的学员分成 4 组，各组通过设计和讨论提出各自的提案。从结果上看，多组的设计对于城市中的灰色空间（Gray Space）显示了浓厚的兴趣。例如，公共和私密，或者开放的空间和封闭的空间，各种概念中的中性空间。

接着，在各组提出的设计想法的基础上，对于要实际建构制作的内容又展开深化设计。其间，通过大量的草图、CAD 绘图以及 CG 表现等进行探讨，并通过实际使用可能的材料的部分节点制作，研究其可行性和强度，讨论和凝练其设计表现与效果。

最后，本次设计坊使用的材料选定为 4mm 见方的空心 ABS 树脂细条棒和直径为 1cm 左右的细竹棒。运用这些细长的线性素材构筑出几个三边边长为 3m×3m×1.5m，高为 2m 的等边三角形的立方体。细长的 ABS 的线性条棒通过在 70mm 的格网中互相穿插组合，给人以纤细的感觉。竹子材料的部分也重复同样的方式，竹棒之间用传统的麻绳捆绑连接，表现出质朴、粗野，同时是易于接近的感觉，与 ABS 的部分形成对照。

通过自身的城市观察、思考并到达一个概念，并通过设计过程得以实现，这便是设计坊。

後期課程概要 / Process of Second Phase

　スタジオの後半では、前半のリサーチで得られたいくつかの概念をもとに、それを大学内の芝生のフィールドに表現するインスタレーションをデザイン、製作することとなった。

　まず22人のスタジオを4つのグループに分け、それぞれがディスカッションを重ねながら提案を作成した。多くのグループが興味をもったのは前半のリサーチで提示された灰色空間 Gray Space という概念であった。パブリックとプライベート、あるいは開放的な空間と閉鎖的な空間、様々な概念の中間的な空間だということができる。

　その後、各グループから提示されたいくつかのアイデアをもとに、実際に製作するひとつのデザインをつくりあげていく。プロセスのなかでは様々なスケッチや図面、CGによる検討に加えて、実際に使用する素材をもとに部分的なモックアップを作成しながら、施工製や強度、またその表現の可能性などを議論しながらデザインを修練させて行った。

　最終的には4mm 各の ABS 樹脂の中空の角棒と、直径1cm ほどの細い竹が素材として選ばれ、一辺3m、3m、1.5m、高さ2mほどの二等辺三角形の三角柱を、細い線材の組み合わせで製作した。線材は ABS の場合で70mm の細かいグリッドで組み合わされ、繊細な表情をもっている。同じデザインは竹によって反復されるが、素朴な縄によるジョイントとあいまって、より素朴で粗野であるが親しみやすい対照的な表情を生み出した。

　最終的な成果の発表にあたっては、パーティーがとりおこなわれ、そのオブジェを照らし出す照明のデザインもまた、学生によって考案、設置された。

　自らの都市の観察から一つの概念に到達し、それをデザインとして実現する。そういったプロセスが生み出された。

后期制作概况 / Research Summary

5月末 – 6月，以小组为单位展示前期成果，共同合作在室外进行实际尺度的空间设计和建造。

场所选在建馆与二馆之间的草坪和空地前。

前期对城市的观察与调研结果，分析和总结，提炼现象作为设计的概念。

关注点可以聚焦在"暂设装置"的空间视点上，这种装置应体现出"随时间的变化"、"新旧冲突"、"与自然地形相适应""人工的构筑物和构造"等概念。

可以从前期调研中总结出来的"Gray Space"、"沿时间轴的设计"等关键词作为切入点。

最初先以小组为单位分别考虑各自的方案，结合场地的条件进行设计，从实际的角度考虑暂设装置的可实施性、建造成本、安全性等问题。最后从各组的方案中选出一组最佳和可行的方案加以实施。

另外，可以以建馆和二馆之间的联系作为切入点提出方案，譬如连接体，内外空间得到交融等。

From late May to June, preliminary results demonstrate based on groups, and cooperate to design and construction the actual scale model outdoors.

The site was selected on the lawn space between the building of School of Architecture and Fine Art and the Second Teaching Building.

Observe and research of urban in early days, and do some analysis and summary on it, in order to refining phenomenon as the concept of design.

Focus on the space point of view in Temporary Structures, such structures should reflect conceptions like that changes with time, old and new conflicts, and construction of artificial structures.

It is possible to regard the Gray Space or along the time axis as a starting point.

Firstly, consider their own programs in different groups, design with combination of site materials. Take into account of possibly problems of temporary structures such as enforceability, construction costs, security and so on. Finally, a best and feasible program belongs to one of the groups will be chosen to be implemented.

Besides, it is also possible to regard the relationship of the building of School of Architecture and Fine Art and the Second Teaching Building as a starting point.

Temporary structures can play a role of space which can demonstrate assignment or artworks. It can be the relationship like walls, ground and ceiling.

Add some effects of design such as sound, light and video.

The achievement will be manual produced and be made into videos.

　　暂设装置具有可以作为展示装置和空间的效果，可以有墙面、地面、天棚这样的关系。

　　加入声、光、影像的设计效果。

　　成果最后编制手册和总结成片段。

分组设计 /
Group Works

旋转的灰空间
Spiral Gray Space

Group A

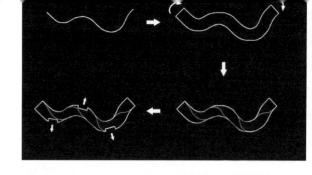

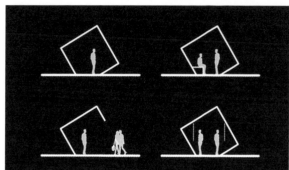

　　我们在系馆前草坪确定了参观入口和流线。参观流线围合出了几个灰空间。我们通过扭转等方式产生丰富的空间变化。人们在其中行走会产生很奇妙的变化。随着人的行走，他会感觉仿佛置身于一个正在旋转的灰空间。人们可以透过缝隙看到外部空间。在其中可以设施休息座椅，也可以悬挂展板作为展示空间。材质选取木材，与自然地形很好融合。

环
Circle

Group B

　　建筑与艺术学院的专业教室分布在草坪南侧和北侧的教学二馆和建筑系馆，这块本应承担着交流功能的大草坪却在大部分时间被荒废了。进入草坪的人流主要来自二馆通向建馆的小路以及建馆的主入口和展厅的入口。因此我们设想将展厅的展示功能在户外进行延伸，与其他两个入口发生关系，生成一个环形廊道，顶部顺着基地的变化起伏，同时这个环形空间也为人们进入草坪进行引导，而环形的中间成为人们交流的空间。构筑物本身并不占多大面积，却辐射到了周边以及内部的空间。

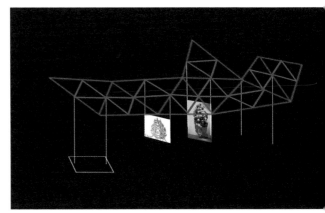

DAYTIME

反重力
Anti-gravity

Group C

设计在前期调研的基础上，选择塑造公共空间为主要线索。在建馆楼前绿地上，考虑到建造问题，选择三角形为主要构成元素。锥形承重，着地点小，在最大程度上减少对草坪的破坏。人们进入其中，便被其空间范围所限定，休息、交谈、思考、行动等，共同营造出一个友好的公共空间。内部变化多样，光影感强，不同角度有不同体验。迎合场地特征，在不同人流方向设置可看空间，虚实结合，又引人注意与思考。

穿越 / 发现
Passing through / Discovery

Group D

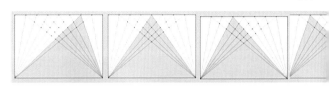

在城市灰空间的主题下，鼓励人们从不同角度发现城市，现拟建一构筑物，以灰空间的形式引导人们穿越，以不同角度的景框使人们发现不同以往的城市空间，启发人们思考。大连地区多山风强，本设计以此作为构型来源，主体寓意为山，其大小不一的侧翼随风摆动，也可固定作为展板。分析场地人流路线，布置平面。当人们穿越其中时，会根据形体做不同位移，人的视角也随之变化，根据观察到的不同的城市景象，会产生不同的联想，以与平时不同的角度思考。

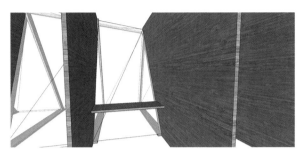

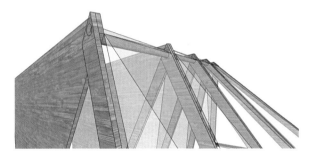

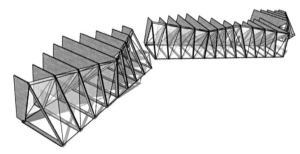

深化设计
概念提出
Final Concept Generation

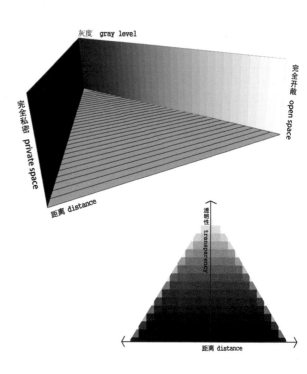

黑色代表私密空间，白色代表开敞空间，而介于黑白两色中的灰色则是过渡空间带。灰度的变化代表了灰空间不同的开放度和透明性。在空间和色彩之间，用进深距离作为中介，通过进深变化使人感受到空间在透明性上的变化。从点到线，进深从极小值到极大值，从平面上呈现出的是一个等腰三角形。

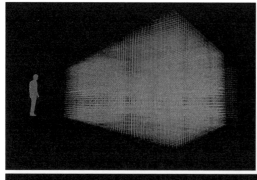

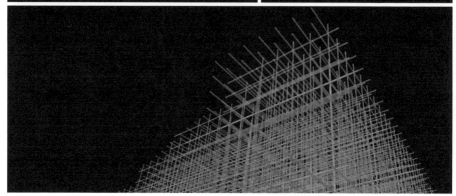

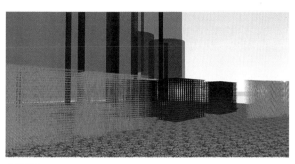

人视点 A

形态生成
Shape Forming

现场环境为长方形草地，因此在布局时，三角形长边顺应长方形场地长边方向。在灰空间形成方面，不同方向、角度、位置的三角形组合，形成不同尺度、不同感受的灰空间。穿梭于三角体之间，随着角度和位置的变化会应运出疏密变化、空间收放。

在三角形单体处理方面，为了使三角体自身体现灰空间特性（即自身的疏密变化），将三角体不同高度的疏密进行调整，下疏上密，轻盈地飘浮起来。综合考虑平面、空间、形态问题，最终确定了排布方案。

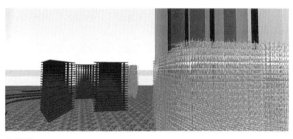

人视点 B

平面布局

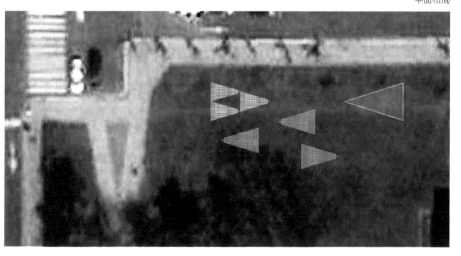

材料选择
Material Choose

白钢

通过对大量小尺寸的材料搭接来实现从点到面到体量的转变，从而生成出看似密实围合，但实际上通透，视线可以穿透的空间分隔，创造出一种不一样的灰空间。我们选择了钢管、木棍、竹子、塑料管等进行比较。经过大量的实验，最终我们选定了代表着工业模数化生产的白色 ABS 塑料细管（截面 4mm×4mm，长度 50mm），以及相对原生态的细竹。两者无论在尺寸、颜色、质感上都能产生一定的对比，也符合我们对材料选择的初衷。希望通过对这两种材料的忠实表达，最终产生非典型空间分隔，作为一次材料与空间的构建实验。

木条

竹子

ABS 塑料管

钢结构试验

结构试验
Structure Experiment

我们希望两种结构体我们都希望给人以漂浮的效果，故采用上密下疏的形式。

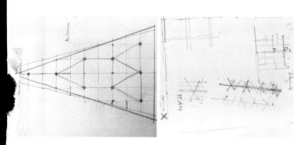

结构设计

ABS塑料管和竹子分别采用了胶粘和捆绑这两种分别为刚性以及柔性的固定方式。ABS方管的长度为50mm，因此我们决定用 50×50×50mm 的立方体累加，最后形成一个底边为1500mm，三角形高为3000mm的，体量高为2000mm的三棱柱。我们也试验过用钢架将ABS体支撑起来，但是后期发现，ABS体完全可以独立地将自己支撑起来。

竹子结构

细竹的长度可达2700mm，故我们采用的是直接将每根竹子锯成相应尺寸，先搭接纵向截面，最后在场地上插入与底边垂直的横梁来捆绑成底边为1900mm，三角形高为3800mm，体量高为2000mm的三棱柱。

经过计算，竹子的强度能够支持其上层的密度，而ABS方管则在最底部的立方体四角进行了加固，防止整个结构体系颠覆。

ABS塑料管自身承重

竹子节点方式
Bamboo Joint

在"融构"方案中，竹子每两根之间需要牢固的固定方式。竹子的一般固定方式有多种，如：金属钉固定、合页固定、捆绑固定等。经过结构计算，同时考虑到方案特点及竹子本身的特性，我们最终决定采用马什捆绑的方式固定。我国竹子构造有传统工艺，我们向经验丰富的竹艺工匠学习锅中捆绑方式，并与指导老师讨论决定了最终既简单易学又美观牢固的绑扎形式。

前往专业园林公司学习
竹子捆绑技巧

回校继续和指导老师探讨如何使麻绳结既美观又结实

最终效果

前期讨论的钢骨架

尝试总图体量排布

使用 502 胶粘

ABS 节点方式
ABS Joint

　　在融构方案中 ABS 塑料管的节点方式，因为塑料管的小尺度，我们考虑了穿绳、粘贴等方式，希望弱化节点，强化大量 ABS 塑料管本身，与竹子的绑扎节点形成鲜明对比。最终鉴于工期以及可行性，选择了胶粘作为其节点方式，考虑到结构的稳定，选择了钢管的焊接作为其核心骨架。之后经过结构计算，钢骨架被取消，只通过加强底部胶粘这种隐形节点来实现庞大的 ABS 体量。

最终效果

成本预算
Budget Control

其他方面的花费，我们决定将晚会的花销控制在 2000 元以内，最终我们也实现了这个目标。晚会的花销主要在于酒水，我们希望能够营造一个轻松自在的酒会氛围。

在设计的建造过程中，我们也在一直努力控制成本，我们借用了学校的模型室和评图室作为工作场地，借用学校的工具投影仪、音响等电子仪器为我们节省了大量的花销。家具的制作过程中，我们利用了上一次 studio 的木椅，通过改变其摆放模式和钻孔（将海报插入其中）等方式，既结合了宣传，又节约了开支。

在制作过程中，我们只雇佣了一位工人指导我们捆扎竹子，其余所有装配等体力工作，全由组员自己完成，这也节省了我们的开支。

材料清单

	尺寸（单位：mm）	价格
ABS 塑料管	500×4mm	0.4 元每根
模型细木条	1000×8mm	4 元每根
U 胶	33ml	4 元每盒
502 胶	10ml	3 元每瓶
竹子	10mm×2500mm	1 元每根
麻绳	10mm×3mm	1.5 元每米

备注

ABS：质地软，价格便宜

木条：质地硬，价格贵，尺度比较大

U 胶：价格便宜，风干较慢

502：价格便宜，风干快

竹子：尺度适宜，价格便宜

麻绳：有生态感，价格合适

预算清单

ABS 部分		宣传	
ABS 模型材料	4500 元	前期布置	200 元
502 胶	150 元	海报	1000 元
		小册子	
竹子部分		灯光	
竹子材料	2000 元	电子元件	830 元
麻绳	1100 元	幕布	180 元

竹子部分由设计公司赞助

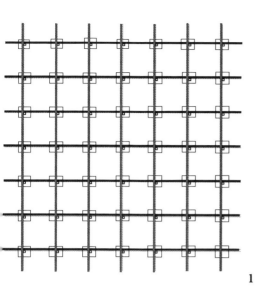

1

ABS 搭建说明
ABS Construction Plan

　　ABS 部分需要用尽量简洁的连接方式将纤细而短小的 ABS 管，ABS 管是日常生活中并不常见的一种工业性质的材料，与竹子部分形成鲜明对比，其搭建方式相对简单，以胶水粘合，由小组大，整体由上至下，管的数量逐渐减少，经过计算，最底端的管数恰好能够支撑住整体，搭建主要步骤分三部分。

　　1. 将 ABS 管制作成为 7×7 的立方体块，以胶水粘结各处节点。

　　2. 将小立方体块拼接成一个小三角体块，每个三角体块由 36 个立方体块组成。

　　3. 将 3 个小三角体块组合成一个大的三角体块，排列于整个平面的重要部位，体量为群体中最大的一个。

2

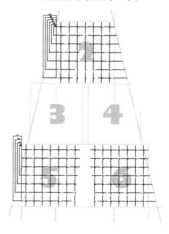

3

ABS 模具与试建
ABS Model & Construction Trail

初次尝试由于计算精度出错并且缺少搭建经验而以失败告终

使用模板

模具应当能够高效、批量制造立方体，同时，模具本身也应当能被快速复制。在一开始的尝试过程中，由于个别部分的错误，经过了反复的制作，最终确定模具方案。

模具由平面模具、立体模具两部分组成。

平面模具：在立方体平面图放置 ABS 管的地方做成凹槽，使用时将 ABS 管直接放入槽中，然后选择若干结点滴胶固定。

立体模具：有底板、侧板两部分组成。首先将底板和侧板组装起来，将制作好的 ABS 平面板对应地插到侧板孔中，使平面板被架起来。竖向方向上，在底板对应空洞中插入 ABS 管。最后选择若干结点滴胶粘结。

最终，通过使用模板建出了与设计概念相符的 ABS 立方体。

拆开周围模板后完整的 ABS 立方体

1.制作模板，粘贴 ABS 管，组装单元立方体。

2.室内纵向试搭。

3.室外实验立方体强度和地形切合度。

4.室外正式搭建……

ABS 现场拼装
ABS Construction on Site

1. 室内粘合立方体

竖向：不同层次的立方体的上下表面互相搭接，用胶粘定。层次上，最下面一层密度最稀，由此向上逐渐变密。

横向：同一层次不同立方体间只接触不粘结。将两个相接触立方体同时与若干根 ABS 管粘结，用次 ABS 管将两个单元体固定连接。

2. 室内的纵向试建

将制作好的立方体块在室内进行实验性组合搭建，确定搭建方式。

3. 室外实验立方体与地形的契合度

将粘贴组合的部分立方体块在室外确定好的平面上进行试搭，由于地形起伏，需要做部分修改。

4. 室外正式搭建

在确定好与地形结合方法后进行正式的搭建，由四分之一个大三角体开始。

竹子搭建说明
Bamboo Construction Plan

在搭建时，分为两部分。a组负责竖向杆：三种长度，2100mm、1370mm、650mm，在间隔89mm以及上下10mm处标记刻度。bcd组负责水平方向杆：横杆部分，间距89mm，在轴线交点处标记刻度；纵杆部分，同横杆。最后横纵杆分开堆放，标明尺寸。

竹子部分制作程序

准备：卷尺，粉笔或记号笔

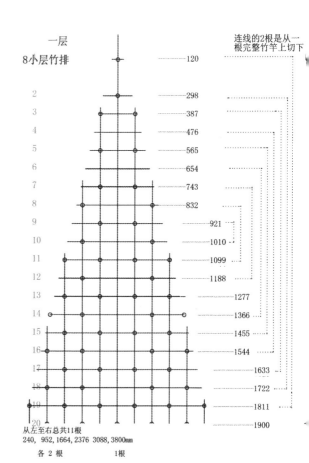

一层
8小层竹排

连线的2根是从一根完整竹竿上切下

	120
2	298
3	387
4	476
5	565
6	654
7	743
8	832
9	921
10	1010
11	1099
12	1188
13	1277
14	1366
15	1455
16	1544
17	1633
18	1722
19	1811
20	1900

从左至右总共11根
240, 952, 1664, 2376 3088, 3800mm
各 2 根   1根

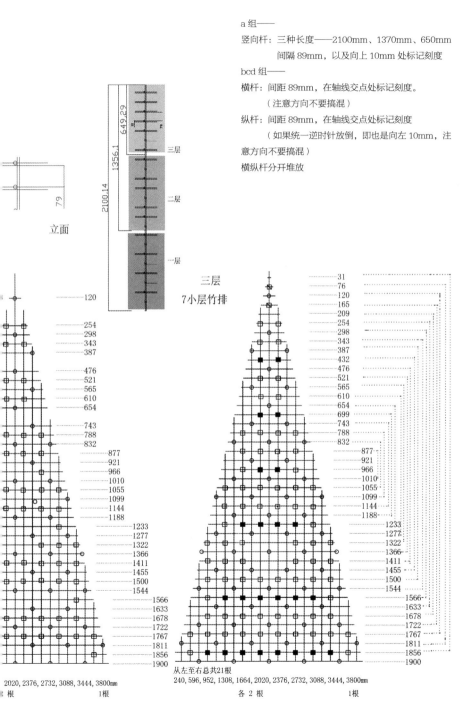

a 组——

竖向杆：三种长度——2100mm、1370mm、650mm
间隔 89mm，以及向上 10mm 处标记刻度

bcd 组——

横杆：间距 89mm，在轴线交点处标记刻度。
（注意方向不要搞混）

纵杆：间距 89mm，在轴线交点处标记刻度
（如果统一逆时针放倒，即也是向左 10mm，注
意方向不要搞混）

横纵杆分开堆放

立面

三层
7小层竹排

三层

2020, 2376, 2732, 3088, 3444, 3800㎜

根　　　　1根

从左至右总共21根
240, 596, 952, 1308, 1664, 2020, 2376, 2732, 3088, 3444, 3800㎜
各 2 根　　　　　1根

竹子现场拼装
Bamboo Construction on Site

去市场购买竹竿，约 2000 根，用卡车运至现场

搭建部分分为几个过程。首先是到建材市场选择尺寸合适、材质优良的竹子作为原材料。原定 2000 根，用卡车运至搭建场。将成员进行分组，按原定计划划分刻度，并有小组成员按刻度切割竹子。将切割好的竹子建立规格系统，编号分类，分组捆绑已分好类的竹竿，制作竹排。

在现场搭建阶段，首先进行的是测量平面，场地打桩，立好竹排。再依次从后向前搭建纵向竹排，固定绳结，确保牢固。然后再一起从上至下插入横向竹竿，固定绳结。初步造型成功后，整体把握住大体量，小细节个别进行修改。经过几天的搭建后，竹子部分基本完成。

分组按需要划分刻度

分组按刻度切割竹子

分组捆绑已分类的竹竿，制做竹排

捆扎结束

测量平面、打桩、立竹排。

依次从后向前搭建纵向竹排，固定绳结。

从上至下 插入横向竹竿，固定绳结。

整体把握，个别整改。

基本完成。

声光、影像设计
Sound & Light & Vedio

制作地灯

在所有的构筑物底部中间的位置设置一处暖色发光光源，利用自制的声光控制器使其随着音乐的节奏闪烁，这样可以使构筑物的光影发生有强弱明暗的动态变化，最后经过多次调试达到最终的效果。在声光表演的当晚，通过前期的布线安排，使在灯光总控制台进行统一操控成为可能。视频投影幕的设计概念也来源于"融构"的体量概念，并使用具有半透明效果自己缝制的无纺布作为幕布的材料。

地灯成品

声光控制器

现场后台控制灯光

彩排调试

缝制投影无纺布

宣传推广
Advertising

宣传分为两部分，一部分为海报的制作，另一部分为现场的宣传活动。海报分为张贴的大海报和派发的小海报，内容以课程设计制作过程为主题，均围绕着主体形象进行设计，将小海报卷起，做成筒状，插入家具中，形象的宣传出主体构筑物形象。

小海报

海报

家具制作

在现场供来宾休憩拍照的地点

西山一条街宣传

成果展示 / Work Display

2011 年 7 月 2 日晚，在大连理工大学建筑艺术馆门前草坪上，举办了以"融构——城市与自然的灰色情感"为主题的 2011 海天学者工作室教学成果展示。参加此次活动的不仅是学院的师生，还吸引了各界人士的参加。院长范悦教授首先致辞，介绍了近年学院的国际化办学思路，并对于本次成果给予了充分的肯定。随后大连理工大学特聘"海天学者"，山代悟客座教授简要地介绍了课程的经过；远道而来的澳大利亚悉尼科技大学高级讲师乔安娜·杰克维奇博士也做了简短的发言，希望与大连理工大学展开进一步的合作交流。出席这次活动的还有来自日本东京大学、新潟大学的师生们。

此次成果演示以"城市灰空间"为主题。通过不同材料和结构连接方式的对比，在有限的空间内表达城市灰空间理论和城市的新旧交替。由 ABS 管规律搭建而成的非功能性构筑物在由中国传统竹子和麻绳搭建的构筑物中开辟了不同功能的空间展示。当天色渐暗时，通过声控技术控制光源来表现融构，随着音乐的波动，灯光也随之变化，将整个展示活动推向了高潮。

本次课程的教学方法注重过程，学生们从中体验到了国际化教学的过程和经验，通过自己设计的方案，接触社会，感悟设计的内涵。特别是多专业学生的参与以及与外院系学生的协助是本教学活动的特色。

后记 / Postscript

教师座谈 / Teachers' talk

参加：范悦、山代悟、乔安娜 (Joanne Jakovich)
2010 年 7 月 26 日

「海天设计坊回顾及概要」

范： 本次设计坊的教学成果得到了良好的展示，学生们的表现也很精彩，非常成功。设计坊顺利完成，两位老师对此有何感想？

山代： 今年，我想可以说是个"忙碌"的设计坊。一开始进行大连的城市调研，大约一个月后开始建构设计以及制作，还进行了成果展示。同学们表现的都很投入和努力，令人满意。

乔安娜： 对于参加设计坊的同学来说，面对看惯了的城市，能用一种新的视点观察和分析并非易事。我想，调研、分析，最后设计出一个美好的东西留下来，其间一定包含了许多矛盾和纠结。以灰色空间（Gray Space）为概念设计制作的建构很美，给人留下了深刻的印象。可以说，正是由于前期的调研和分析下了工夫，才有可能形成这样一个美好的成果。

范： 请对今年的设计坊的过程做简要的回顾。

山代： 今年的设计坊由三部分组成。最初的两个多月主要用于城市调研。22 个同学走入大连的街头、广场，找寻自己感兴趣的场所，对其场所所具有的魅力以及问题进行了记述和分析。

第二阶段，主要是根据上一个阶段归纳总结的关键词等设计线索，分成四个组展开了设计。

第三阶段，主要是根据第二阶段的想法，思考建构制作的设计，并实际进行了搭建。

去年最后的建构设计和制作的时间大约为一个月。并且在之前的个人设计阶段也要求考虑建构制作，因此可以说同学们的实作的意识和训练比较充实。今年设计坊的前半段把训练重点放在了调研上，而后期所剩时间有限，实体制作上显得比较紧张。

「城市调研」

范： 去年设计坊和今年的都有哪些不同？

山代： 去年设计坊结束的时候几位老师也一起讨论过，去年因为是第一次，比较而言更注重建构的设计和制作，并花费了更多的精力。在其过程中我注意到一个现象，课题要求每个同学找出自己喜欢的场所，并结合其场所环境进行设计，但是很大一部分同学所选的地点要么在校园内，要么离学校不远，或者就是那些来大连短期旅游的人都知道的地方。

虽然在学校学习建筑和规划，但要用自己

的眼睛观察城市，并持有分析的观点，发现自己独特的设计，这方面的训练比较缺乏。由此，今年，虽然最后也要做一个实体的建构，但尽可能花多一点时间观察城市，并训练用自己的语言进行分析，教师组希望在这方面做一些调整。

范： 今年的特点主要是走出去、看城市。通过自己的眼看快速而不断变化的城市。

山代： 第一阶段的调研开始的时候，也发现有的同学感觉迷茫。一方面还是本科三年级的学生还没有用城市分析的角度看问题的经验，另外可能对于设计坊要求的真实意图一开始不太明白。到自己选定的地点拍照、总结自己的感受，再进一步的话有些同学查一些案例作为参考，到此为止还可以，但再往下就不知如何是好了。这样，我们就指导他们再详细地研究地区的历史、空间的比例并以数字的方式记述和表达、再详细地测绘和记录一些细部等等，很多时候我们老师和学生一同调研和指导。

范： 确实如此。第一阶段确实有不少同学比较茫然。今天的中国社会对于调研不是十分重视。长期以来设计上有一种快画、漂亮地画的风气，非常令人担心。即使不调研也能做出漂亮的表现，并且很管用。所以无论设计坊能解决多少能改变多少，这个问题都需要认真对待。

山代： "为什么调研对于设计重要"这个基本观点和同学们不太容易沟通。他们不明白调研与设计的关系。当然，对于一个具体的设计项目，周边的用地功能设施或者交通规划等需要调研，这些比较容易明白。但是，对于一个更加抽象的城市的概念，以及由此可以导出某种关于形态的概念却不太容易理解。例如，库哈斯或者 MVRDV 等人气建筑师的作品大家多少都知道一些，但是，这些建筑师是如何根据对于城市和社会的理解而得出那些独特的造型，却不是很多人所能理解的。调研对于一个设计来说，除了可以满足功能的需要，也是形成造型语言的很重要的途径。这一点，通过设计坊能让同学们理解多少不太清楚，一些同学

也有开窍的表现。

「设计灰色空间」

范： 与去年相比，今年的建构制作不太一样。去年大家可以进入到这些空间构筑物中走来走去，今年则为围绕着这些构筑物观赏。

山代： 去年的设计与建构从各种角度来看都比较成功。相对简单的构造与结构，构成了可同时容纳 100~200 人活动的大空间，并且用的是木质材料，成本较低。今年的建构方式稍有些不同。

今年，比起功能性的体系更接近抽象的概念性的构筑体。

乔安娜： 从照片上看，去年的建构重视空间建构和其间的活动，表现的是建筑的环境；今年的建构更倾向于艺术性的建构，两者都非常成功。

山代： 通过调研，同学们找到一些关键词，有几位同学对于灰色空间（Gray Space），即中间领域空间感兴趣。比如说对于大连的老街区分析以后，发现老的独栋住宅的院落空间，以及它与街道之间的关系很有意思。

从老的街巷空间抽取出的概念，其实对于当前的城市开发也有启示。比如说城市中高楼林立，往往底部空间缺乏变化和魅力，因此导入灰色空间的概念可以丰富城市形态，并提升这类公建的品质。设计坊虽然不是去设计实际的建筑，但可以通过一些设计建构的方式对于这些概念加以表现和表达。

本次制作了几个构造物，采取了在构造物之间环绕走行的方式，而不是要进入构造物。另外，由于构造物是由纤细的条棒形材料构成，它既是一个构造体，也允许视线和光线穿过，这样就会在其中形成小型尺度的空间。一种由多孔质空间表现的灰色空间的印象。

范： 与去年相比，今年的完成物比较抽象，但是更有表现力了。去年的重点是考虑环境的

设计，空间的使用和功能都很好。今年注重了概念的抽取，以及对于观者的传感。

「使用 ABS 树脂材料和竹材」

范： 从体量的设计方面，一开始确定了抽象感较强的白色 ABS 条棒作为素材，后来追加了竹子这种不太好把握的自然材料。竹子作为中国本土的材料，比较容易与草地融合和协调。从发表会观者的反响来看，大家对于竹子之间的朴素的绳结方式给予了肯定。即使是放在真实的建筑上，自然的素材及其构造方式也会给人以深刻的印象。

比起用胶粘接的方式，竹子的结合方式让大家不太习惯。同学们只好到校外向职业的园艺工人请教，一开始还是比较苦的，但逐渐从大家的脸上看到紧张而充实的表情。

乔安娜： 自己认为重要的事，除了一边动手做一边思考，团队还要有一致的目标，最后才能达成引以为傲的成果。在悉尼我们也有大家一起共同制作的实践。

研究与素材相适应的原型（prototyping）非常重要。这个设计坊的前期我没有看到，但后期同学们开始与素材打交道，从一些 CG 的构造节点到如何选择素材，以及如何影响形态的设计等等。其实，并非完全忠实地表现出当初的 CG 的感觉，出现一些修正和错误实际很正常。本次的设计坊，并不是完全按照 CG 去实现，而是从一开始设计就充分考虑了素材的特性等。

范： 尤其竹子的制作尝试可以说非常辛苦。也有的学生表现得很不耐烦，但坚持到了一定

阶段，反倒对这项工作产生了感情。

山代： 本次构筑物的接合方式主要有两种，一种是粘接，一种是相对传统的绳结。节点方式虽然不太复杂，但需要快速和大量的制作。这样，就需要考虑设计的同时考虑制作的效率，大家花了不少精力研究了辅助支架的设计。

「照明与音响」

范： 去年，曾邀请酒井聪老师前来参加环境建构的照明和音响设计，创造出了给人留下深刻印象的场所感。在酒井聪老师的影响下，今年学生自己努力研发也达到了相似的效果。

山代： 今年并没有特别对学生提出照明和音响的要求。然而学生受到去年建构氛围的影响，创造出具有自己风格的照明和音响装置。学生们通过请教电气专业的学生，经过自己的探索研发出了与酒井聪老师相似的可控照明和音响的电子装置。

开始时，尝试了用投影仪投射不同质感的光照，然后将暖调的白炽灯做各种组合来表现照明效果。

通过多次测试，最终将投影仪作为光源投射到白色的 ABS 树脂材料的结构体上，白炽灯的光源用在了对竹构的照明上。

如果说融构作为学生自己创造的作品的话，恐怕主要体现在细腻的展示方面，现场光和音乐的结合，让人体验到了奇妙的感觉。人们对照明和音响的体验以及对由此烘托出的造型的认识与日常生活中的文化有较大的不同。虽然教师给予了一定的指导，但整个过程与成果表现出了学生自己独立完成的一面。

乔安娜： 就我的印象而言，结构体的设计和照明设计之间稍微有一点不协调的感觉。尽管多少创造出了场面的活跃氛围，但并没有很好地传达 Gray Space 本质的意义和结构体的美感。如果当初在结构体的设计时就充分考虑到与照明和音响的结合的话，整个展示或许更加完美吧。

「抽象模式的可能性」

乔安娜： 成果展示晚会开始之前就有许多观众在观赏融构装置，交谈中有些人觉得看这个模型仿佛可以看到整个城市，好似一个高密度的居住区模型。这或许是下一次挑战的出发点。通过对城市进行分析，构想出抽象的模型，进而提出全新的城市设计方案。

山代： 非常对，可以是 1 比 1 的装置，也可以是 1 比 100 的模型。

范： 这样可以创造出多义性的建构体。

乔安娜： 抽象的装置中可以孕育着许多有意思的事件。参与的学生可以解读几乎没有意识到的事物，或者可以探索完全不同的概念，自由地创作。

另外，这样的实际的创造可以与接下来的发现联系在一起。这次建构的作品是学生们共同创造的体现。人们可以享受到空间的乐趣。学生们通过自己创造的空间，聆听体验这些空间的人们的对话，深刻观察人们对空间的反应，这些都非常重要。

「结束语」

范： 通过这次设计坊，学生从中得到了一些启示，设计坊的各项工作得以逐步展开，让我们看到了学生所具有的责任感。这或许就是与以往中国的教育方法不同之处吧。

以往的设计教育中大多依据某种建筑类型展开教学。这次设计坊的教学模式对大连理工大学而言是一次非常有意义的实验。虽然类似的教学方法目前在中国一些著名的大学中逐渐展开。但是，让学生通过对调研、设计、建造、展示这样一连串的过程亲身体验的先进教学方法在国内还是比较少见的。

山代： 在教学中我发现，实际上不只是调研，即使进入到实际建造阶段也会碰到来自学生的疑问，譬如哪个方案更好？并希望得到老

师的答复，学生这种迷惑的心情我非常理解。作为我自己而言，告诉学生的不是哪一个方案更好，而是启发学生朝哪个方向能够使方案发展下去，让学生从中学到该如何判断。这样，学生逐渐学会了自己来决定方案的发展方向，增强了学生的自信心和责任感。

乔安娜： 美国和欧洲自 20 世纪的 60~70 年代起，学生进入了共同体化。当时美国是完全不同的国度，建筑学教学的内容大多是让学生设计些小型的建筑。类似这样的教学历史大概源于西方吧。

如今，悉尼工业大学的教育中，在实际建造的教学体系中纳入了数字化和计算机设计的方法。前几天我在大连理工大学的演讲中例举了三个实例向学生们展示了这样的教学方法和成果。

范： 目前，大学教育在社会发展与需求中不断发展。然而，今后各种各样的教育方法仍然有待实验与探索，这将为未来的设计教育积累经验。

最后，让我们共同期待明年大连理工大学与悉尼科技大学的合作。

学生感言 / Words from Students

参加海天学者设计坊是我大学生活中一件意义深远的事。它远远不同于平时的设计学习，既开拓了视野，也发展了思维。感谢参与者，感悟海天情怀！

常雷

对我来说整个 studio 过程是一个挑战。我们每个学生有不同的看法也不同的构思，最后大家都很努力去做了这次的作业。

璐璐

工作坊教会了我如何做 research，如何应对实际建造过程中的种种难题。同时老师们严谨的学风深深地感染了我。

张世琦

知识、汗水、美食、红酒、设计坊 + 课堂。

石钟鸣

英文，日语，汉字，图画 - 交流中，升华中，融构中。

崔文迪

设计是一项创造性的劳动，在平凡的生活中，它能带给我们意想不到的收获。此次 studio 让我的设计意识得到了质的飞跃，并因此给我的生活带来了惊喜。

刘超

建筑的从无到有也是一门协作的艺术。

宋鹏

和一群好朋友们一起把图纸变成眼前的真实构架，实在是太美妙的体验：）

林俐

光影与音乐的绚烂调和，白色与绿色的完美融构。

夏槟

遇到了一个好老师和手脑并用的课题；体验了一把 teamwork 和 research；感谢这一次不一样的大学经历。

黄贯西

能有机会探索生活着的城市，发现优点或问题，学习或解决，真是有意思的事情。

关冰玉

在这个不太热的夏天里我们一起干了一件挺火热的事，感谢老师们的煞费苦心，也感动着同学们的辛勤付出，love you all!

王洪俊

一群人，一段时间，一个课程……一张图，一座城市，一种感悟。

赵中杰

成员介绍 / Members

教员： 范悦、山代悟、周博、陆伟、唐建、王时原、徐威、于辉

特邀： Joanne Jakovich（澳大利亚悉尼科技大学）

协助指导： 索健、邹雷、宋树峰、陈岩、张宇

学员： 宋鹏、黄贯西、林俐、关冰玉、张明月、张世琦、石钟鸣、赵中杰、张玮缨、张强、林皓、崔文迪、夏槟、陈瀚、璐璐、贺美玉、王潇北、王洪俊、邢绍怀、刘超、宋奇锋、常雷

参与制作： 王佳林、孔祥吉、王悦、王深、谢慧明、杜昊、张子航、李纯、寻骈臻、潘景鹏、费世龙、徐峰山、刘培培、郑世平、姜树人、余爽迪、刘鑫

版式设计： 邹雷

排版： 关冰玉、林俐

统筹： 宋鹏

资料整理： 张世琦、黄贯西、张明月、石钟鸣、赵中杰

协助： 丁在洋、李蒙娟

赞助机构： 大连建筑设计研究所有限公司

中国建筑东北设计院大连分院

作者介绍 / Authors

范　悦
Fan Yue

1988 年毕业于东南大学建筑系，1999 年获日本东京大学博士学位，现任大连理工大学建筑与艺术学院院长、教授、博士生导师。

主要从事建筑设计及其理论、可持续建筑构法及既有建筑再生等领域的研究。承担了多项国家自然基金项目和"十一五"国家科技支撑计划重点项目。著述有《港口再生》、《从建筑用途转换到可持续城市再生》、《21 世纪型住宅模式》等。主持和参加的设计作品有大连周水子国际机场、日本丸龟商业街再开发设计、大连森茂大厦、西岗区教师进修学校等。

山代悟
Yamashiro Satoru

1993 年毕业于日本东京大学建筑系，并获东京大学工学博士学位。1993 年创建 Art-Unit Responsive Environment 事务所，1995 年进入桢综合计划事务所，师从日本著名建筑家桢文彦。2002 年创立有限会社 Building Landscape 事务所。2002 年任东京大学大学院工学系研究科建筑系助教，作为日本著名建筑家安藤忠雄教授、难波和彦教授的助手，从事教学和科研工作。2010 年 4 月特聘为大连理工大学"海天学者"。现为大连理工大学建筑与艺术学院客座教授。著书有《僕たちは何を設計するのか》、《建築家は住宅で何を考えているのか》、《港口再生》等。

周　博
Zhou Bo

大连理工大学建筑与艺术学院教授，人居环境研究所所长。毕业于大连大学土木建筑系，后获得日本国立新潟大学工学博士学位。在从事建筑设计及其理论的教学工作的同时，主要在老年人以及残障人士群体的宜居空间环境、文教以及医疗等社会福祉建筑领域内展开研究工作。

主持国家自然科学基金资助的科研项目（批准号 50778031）。著书有《住区再生设计手册》、《新建筑学初步》、《港口再生》、《现代建筑文脉主义》、《建筑空间设计学——日本建筑计划的实践》等。